はじめに――今、緑肥に注目する理由

緑肥とは、作物に養分を供給することを目的に、青々とした状態で土壌にすき込む植物のことを指します。よく緑肥として使われるのは、ライムギなどのイネ科植物と、ヘアリーベッチなどのマメ科植物です。イネ科緑肥は大きく育つため土中に多くの有機物を供給でき、マメ科緑肥は空気中のチッソを肥料分として土中に取り入れることができるなどの特徴があります。

1940年代ころはチッソ肥料の値段が高く、その代替えとしてレンゲ・青刈りダイズなどのマメ科緑肥が盛んに栽培されていました。やがてチッソ肥料が割安になり緑肥の栽培面積は減少しましたが、その後、緑肥作物の種類や機能が増え、ふたたび利用が拡大しました。

そして今、化学肥料の高騰、国の「みどりの食料システム戦略」での有機農業拡大方針、世界的な農地の炭素貯留推進によりふたたび緑肥への関心が高まっています。緑肥の栽培期間中は畑を空けなければいけませんが、近年は栽培期間を短くする工夫も生まれてきました。また、新規就農者は遊休農地を借りることが多く、そこに緑肥を作付けて畑を改善してから作目の栽培をスタートさせることが標準化してきています。加えて、2015年に環境保全型農業直接支払交付金の対象となった（10a当たり6000円、2023年5月現在）ことなどからも再注目されています。

『現代農業』では、新しく借りた畑の診断に緑肥を用いる技術や、播種・すき込みのコツ、緑肥が短いうちにすき込む技術、すき込まずにもはや折るだけで地面を被覆する技術など、農家ならではの今どきの緑肥の活用法を紹介してきました。本書ではこれらの技術のほか、緑肥の種類や選び方、メーカーの垣根を超えた品種や効果一覧などを合わせて記事を再編集しました。

地力アップに、肥料代減らしに、病害虫減らしに、本書をぜひ役立てていただければ幸いです。

2023年5月

一般社団法人　農山漁村文化協会

目次

第4章 病気・害虫を減らす

第5章 緑肥の播種・すき込みをうまくやる

播種・すき込みのコツ

ウネ間に播く

イネ科とマメ科の混播

緑肥を短いまますき込む

緑肥を切らずに倒す

第6章 緑肥、こんな効果もある

※執筆者・取材対象者の住所・姓名・所属先・年齢等は記事掲載時のものです。

緑肥って何？

肥料になることを目的に、青々とした状態で新鮮なまますき込む植物のこと。たくさんの役割が期待できる（この本では主に①～④を扱う）。

⑦天敵を呼ぶ

混植、混作、障壁に使った場合、主作物のおとりとして害虫を呼び寄せたり、その天敵を呼び寄せることで主作物を守る（バンカープランツ）。

①すき込まれて肥料になる

すき込んだ茎葉などのチッソや炭素、その他の養分が作物に吸われる。マメ科であれば、根粒菌によるチッソ固定も期待できる。

②土をよくする

すき込んだ生の茎葉のために微生物が殖え、腐植が形成されたり、根の周りに孔隙ができたりして、団粒構造が形成される。

③土壌病害・センチュウ害を防ぐ

根圏で有用微生物を殖やすほか、病害・センチュウ害などを特異的に抑える品種もあり、次作の作物への感染を防ぐ。

しくみはいろいろ。たとえば――

・根から殺虫物質を分泌する
・センチュウを根に侵入させるが、成熟・産卵はさせない
・残渣の分解時に殺虫・殺菌効果のあるガスを出す

⑥風よけになる

背が高く茎の太いソルゴーなどを、畑の周りに植えると効果が高い。農薬散布時のドリフト防止にもなる。

⑤景観保全・グラウンドカバー

きれいな花を咲かせる緑肥も多い。

畑に有機物を入れるとき、堆肥は運搬や散布が大変だが、緑肥はタネを播くだけなのでラク。大面積でも、小さな手間で土づくりができる。

荒れ地に播けば、雑草を抑え、土壌流亡を防ぐ。

このほか、集積した塩類を吸い上げる「除塩」効果や、アレロパシーによる雑草抑制効果なども期待できる。

④透水性・排水性をよくする

根が深く張る緑肥（セスバニアなど）は、かたい耕盤を突き破り、畑の水はけを改善。

緑肥の種類と効果

(カッコ内の数字は掲載ページ)

肥料代減らしにはマメ科

マメ科は根粒菌によるチッソ固定ができるため、肥料代減らしによい

ヘアリーベッチ

(品種：まめ助、まめっこなど)

つる性で、這いつくばったり作物をよじ登ったり。果樹園での雑草抑制などが得意。
(12、20、22、37、44、63、67、72、74、77、97、110、112、114、116、118、122、126)

セスバニア

(ロストアラータ、田助など)

2mほどの高さまで育つ。根が強く排水・透水性の改善能力はピカイチ。
(44、68、98)

クロタラリア

(ネマキング、コブトリソウなど)

センチュウ対策には抜群。景観作物としても使える。
(11、20、23、37、44、72、76、110、114)

●マメ科　ダイズ (48、60、84、103)　クリムソンクローバ (72、87、116)
白クローバ (71、122)

※もちろん効果は単一ではなく複合的なもの。
イネ科を肥料代減らしに、マメ科を地力アップに活用している例もある。

地力アップにはイネ科

イネ科は大きく育ち、多くの有機物を補給することができるため地力（土の総合的な力）のアップによい

ソルゴー

（品種：つちたろう、グリーンソルゴーなど）

大きく育ち、多くの有機物を補給。風の障壁、バンカープランツなどにも向く。
（15、18、36、42、54、70、72、74、76、80、85、95、102、103、110、114、116）

エンバク

（ヘイオーツ、とちゆたかなど）

寒さに強い。暖地では秋播きが可能。キタネグサレセンチュウへの対策などに。
（13、20、22、37、44、54、72、75、77、101、103、110、112、114、118、122、132）

ギニアグラス

（ナツカゼ、ナツコマキなど）

乾燥などに強い。サツマイモのセンチュウ対策や、除塩作物として。
（92、110）

●イネ科	ライムギ（9、20、36、43、72、75、84、92、97、98、103、116、126）	
	オオムギ（12、54、100）	イタリアンライグラス（122）
	トウモロコシ（73）	
●そのほかの緑肥	カラシナ（アブラナ科）（97）	トマト（ナス科）（86）
	ダイカンドラ（ヒルガオ科）（71）	ナタネ（アブラナ科）（96）
	ダイコン（アブラナ科）（89）	ヒマワリ（キク科）（44、73、97）
	チャガラシ（アブラナ科）（88）	マリーゴールド（キク科）（81、88）

※ソルゴーはソルガムの一種になる。ソルガムのうち太く収量のあるものがソルゴーで、細いものはスーダングラス。
※17ページから緑肥の種類ごとの選び方・使い方のポイントを解説。

作目別さくいん

※自分が育てる作目に緑肥を取り入れるときの参考に。

写真で見る　今どきの緑肥活用

地力アップに肥料代減らし、緑肥の効き目は今の時代にうってつけ。
新しく借りたところでつくれば、
畑の診断に役立ち、手っ取り早く土を改善できる。

有機野菜をつくる㈱シェアガーデンの代表・武内智さん（左）と、農場長・齋藤伊慈さん。写真手前はすき込み前のライムギ（佐藤和恵撮影）

緑肥で畑を診てムラ直し

千葉県八街市（やちまた）●㈱シェアガーデン　写真・佐藤和恵

㈱シェアガーデンでは冬場に空いている畑ではライムギを播く。
すき込み前の４月の様子を見た。

4月下旬、すき込み前のライムギ。畑も播種日も同じなのに、ずいぶん生育差がある

上の畑で草丈の比較のためにスカスカのところとワサワサのところに立ってもらった。武内さんのいる場所（奥）は胸まであるのに、齋藤さんのいる場所は膝までしかない。このままでは次につくる作物も不揃いになる

緑肥の生育が悪い場所

掘ってみると、深さ20㎝ほどで粘土のかたまりが出てきた。こういうところは土の物理性に問題があると考えて、堆肥の大量投入、サブソイラでの耕盤破砕などで、そこを念入りに改善する

緑肥のクロタラリアのあとにつくったニンニク。根張りがよい。地力チッソのおかげで、肥料は通常の3分の1

野菜と緑肥の輪作を繰り返してきた畑

緑肥のライムギのほか、多くの有機物がすき込まれると、微生物が殖え、団粒構造が発達し、土がフカフカになる。踏んでみると、足跡が深くつく

武内智さんの緑肥活用について、詳しくは36ページをご覧ください。

ひとまず緑肥で様子見

茨城県つくば市●川上和浩さん　写真・倉持正実

3月上旬撮影。借りたばかりの畑で、「土の中を可視化する」ため、10月にヘアリーベッチを播種したが、育ち方がまるで違う。左は順調、右ははげあがっている

川上さんとヘアリーベッチ。この緑肥はマメ科なので、根粒菌によるチッソ固定（52ページ）も期待できる

川上和浩さんの緑肥活用について、
詳しくは70ページをご覧ください。

その後の作付け
（5月上旬にすき込んだあと）

写真左側　**緑肥の生育** 

問題なしと判断し、オクラを栽培。通路にはリビングマルチのオオムギ（てまいらず）。どちらも生育順調。

写真右側　**緑肥の生育** 

すぐに野菜をつくっても「ダメだな」と思い、有機物補給のため、緑肥のオオムギ（マルチムギワイド）を栽培。それも生育が悪いので、根気強く畑を改善する予定。

生物性が大きくアップ

神奈川県平塚市●内田達也さん　写真・依田賢吾

㈱いかすの内田達也さんも、借りた地力の低い畑を緑肥で改善。作物と交互に作付けることで地力チッソの値は高まり、緑肥のすき込みだけで野菜を無施肥栽培できる畑も出てきた。緑肥の分解もどんどん早くなり、生物性の向上を実感。

11月に播いて3月まで育てたエンバク。「夏秋トマト→冬春エンバク」の輪作を4サイクル継続中の畑。このあと1カ月後のトマト作付けの前にエンバクをすき込むにあたって有機質肥料を播いているところ。緑肥すき込みと同時に堆肥や有機質肥料を撒くと分解を促すだけでなく、地力チッソも増えやすい

今回は草丈30㎝程度ですき込んでしまう。「C/N比は15くらいですかね」と内田さん。大きくなるほどC/N比は高まり、多くの有機物を投入できるが分解に時間がかかる

すき込んでいるところ。モアをかけてからすき込む場合もあるが、草丈30～40㎝なら直接ロータリですき込める。7～10㎝の浅起こしにし、土中を好気的環境にして分解を早める。10～14日後に15㎝程度で再耕起、その後1～2回耕起して5月上旬ごろにトマトを作付ける

エンバクの根。途中で切れてしまったが、先端は地下40㎝ほどまで伸びてガッシリ土をつかむ。地上部と合わせ、堆肥1～2t/10aと同じ有機物投入効果がある

すでに緑肥をすき込んでしばらくたった畑を掘ってみると、緑肥の残渣に糸状菌の菌糸が回っていた。今まさに分解されて養分が溶け出ているためか、内田さんの観察では緑肥の残渣に虫や植物の根っこが集中するという

エンバクを引き抜いて根圏をどアップで見ると、ヒメミミズがたくさんいた（矢印）。菌なども食べる分解者で、土壌の団粒構造をつくる

前作に播いたソルゴーの残渣（矢印）に、エンバクの根がからみついていた。緑肥の連続作付けも、地力アップ効果が高い

とにかく、
裸地にしないことですね。
緑肥などで常に有機物の
供給があると、粗大有機物、
分解中の有機物、分解された
栄養腐植などが混ざって、
絶えず栄養が出る畑に
なります。

内田達也さんの緑肥活用について、詳しくは54ページをご覧ください。

用語解説

（本書に登場する用語の中から、 知っておきたい言葉をピックアップして解説）

地力（ちりょく）
土が作物を生産する力。物理性（作土の深さや透水性・通気性など）、化学性（土壌pH、土壌中の養分など）、生物性（有機物の分解能力、微生物の量など）の三要素を総合した力。

肥料の三要素（チッソ・カリ・リン酸）
栄養素のなかでも、作物が特に必要とするチッソ、リン酸、カリ（カリウム）。

炭素率（C／N比）
有機物中の炭素（C）とチッソ（N）の割合。C／N比ともいう。炭素率が20より小さい（チッソが多い）と分解が早く、すみやかにチッソが放出され、大きい（炭素が多い）と分解が遅く、チッソが微生物に取り込まれる。

根粒菌（こんりゅうきん）
マメ科植物の根に根粒をつくる土壌微生物。大気中からチッソを取り込んでアンモニア態に変換（チッソ固定）し、宿主の植物に供給する。宿主からは光合成産物が供給され、共生関係を築く。土壌中に無機態チッソが多いと、着生数や働きが低下する。また、チッソ固定に使うエネルギーを得るのに酸素が必要なため、通気性も重要。

団粒（だんりゅう）
土壌粒子などの小粒の集合体。ミクロ団粒と、それが集まってできたマクロ団粒とが「団粒構造」を構成する。団粒構造の発達した土は水はけも水もちもよく、微生物も活動しやすい。

耕盤（こうばん）
トラクタの踏圧やロータリのすき床で土が練られることによって、地下の土が固まってできた層。排水性が悪くなって大雨で滞水したり、干ばつ時には耕盤に遮られて地下水が上がってこれなくなる。

腐植（ふしょく）
土壌中にある有機物のうち、生きている微生物や新鮮な植物遺体などを除くすべての有機物。土壌有機物と同じ意味で使われることもある。

輪作
同じ畑で異なる作物を順につくること。輪作で土の養分の偏りを防ぎ、土壌病害虫の防除効果も期待できる。そのしくみは、①性質の違う作物を入れて病原菌の増殖を抑える、②おとり作物や対抗植物で積極的に病原菌の密度を下げる、の2点。緑肥の栽培も輪作として有効。

不耕起
耕さずに、作物をつくり続けること。手間減らしはもちろん、排水性と同時に保水性もよくなり、干ばつにも長雨にも強くなる。また、全層に肥料を混ぜ込むことができないため、部分施用となり、肥料も減らせる。

可給態チッソ
微生物などに分解され、作物にゆっくりと供給される有機態のチッソ。「地力チッソ」ともいう。緑肥や堆肥などの有機物を投入することで、土壌に蓄積されていく。

土壌流亡
豪雨などが原因で、土壌が圃場の外に流れ出てしまうこと。作物の生産性が下がり、河川の水質の悪化なども引き起こす。耕盤を抜いて排水性をよくすることで抑えられる。

リビングマルチ
野菜をつくっている畑で、同時に緑肥など別の植物を育てて、地表を覆うこと。雑草を抑える効果がある。

センチュウ
糸状の微小な動物で、漢字では「線虫」と書く。畑ではネコブセンチュウやネグサレセンチュウ、シストセンチュウなどの植物寄生性センチュウの被害が多く、連作障害の原因にもなる。

第1章
緑肥の種類と選び方

緑肥の選び方、すき込むタイミング

●唐澤敏彦

圃場への堆肥施用量が年々減少するなかで、有機物などを用いた土づくりに関心が高まってきています。また、２００８年の肥料価格の高騰以降、減肥技術の開発も求められています。緑肥は施用の労力や輸送コストの面で有利な有機物で、古くから作物の肥料として栽培されてきました。そのため、今、土づくりと減肥のために緑肥を活用することが期待されています。

下層土までやわらかくなる、透水性も保水性も改善

緑肥をすき込むことで、作土にはたくさんの有機物が供給されます。緑肥は堆肥よりも分解しやすいものの、１年後に土の中に残る有機物の量から判断すると、たとえば草丈２・２m、地上部の乾燥重が１・３ｔ／10ａのソルガム（ソルゴー）なら、牛糞堆肥１・４ｔ／10ａをすき込んだのと同じ効果を期待できます（図1）。緑肥の導入によって土壌中の有機物が増えると、団粒が形成され、作土がやわらかくな

図１　すき込み１年後に炭素150kg相当の有機物を土壌に蓄積させるために必要な牛糞堆肥と緑肥の量

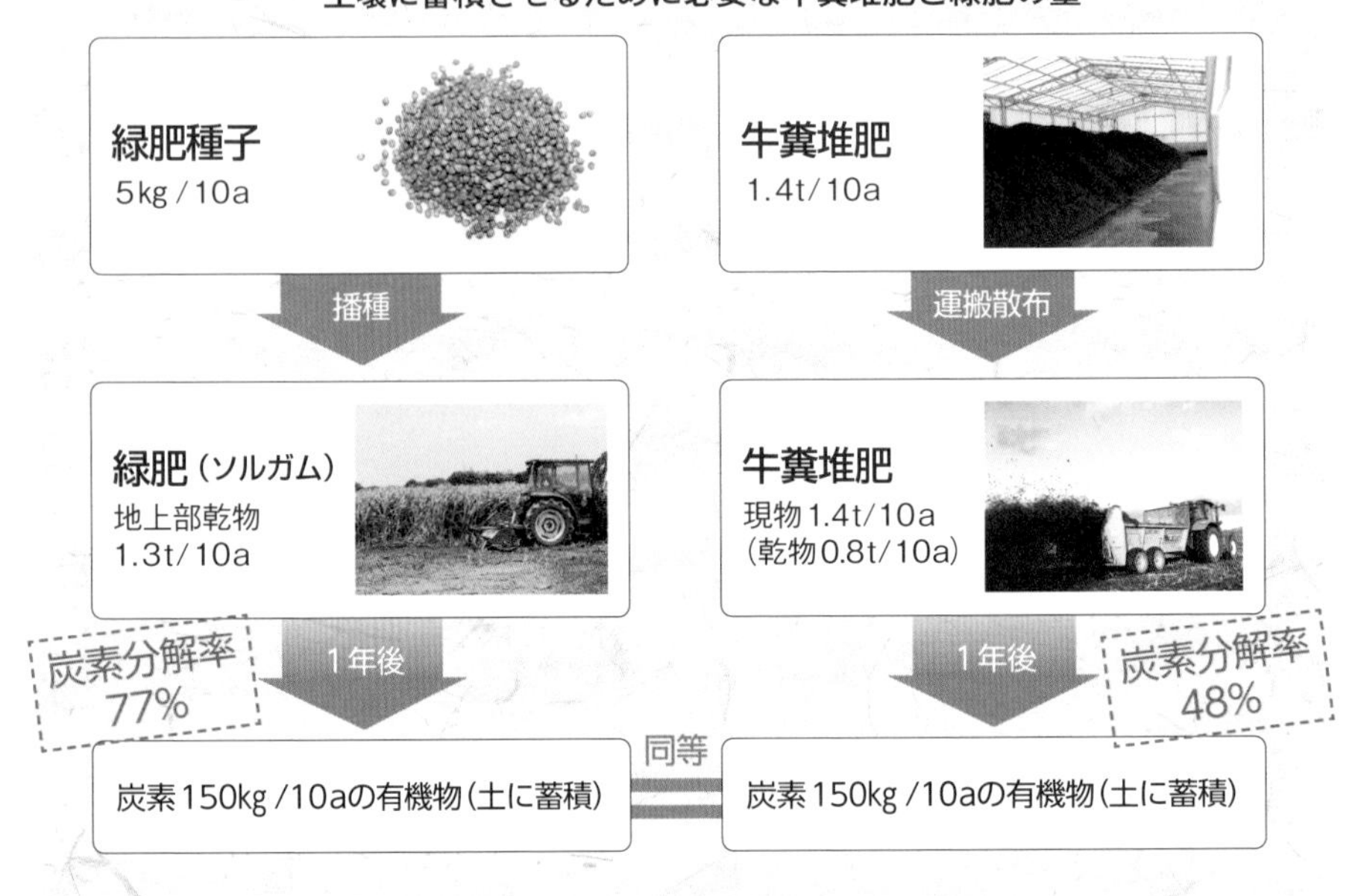

土壌に混ぜた緑肥や堆肥の分解率から、それぞれの有機物蓄積効果を推定

ったり、保水性や透水性が良好になったりします。

緑肥の根は深さ約１ｍまで伸びることも多いため、地上部がすき込まれる作土（表層の十数㎝）だけでなく、より深い土（下層土）にも影響を及ぼします。通常、下層まで耕したり、下層土に有機物を入れたりすることはできませんが、緑肥の根の働きで、下層土をやわらかくしたり、水はけをよくしたりする効果も期待できます。

三要素を減肥できる

▼チッソ

マメ科緑肥は根に共生する根粒菌の働きで、空気中のチッソガスを養分として利用できます。マメ科緑肥には多くのチッソが含まれ、それを次の作物に供給できるため、減肥につながります。一方、イネ科などの緑肥にはチッソ固定能はありません。ただ、野菜畑などでは、収穫後に無作付けの期間があると、吸い残しのチッソが降雨で地下深くに流れ、肥料として使えなくなりますが、収穫後にイネ科緑肥などを栽培すると、地下に流れるチッソを吸い上げ、次の作物に養分として供給できます。このため、マメ科以外の緑肥のあとでもチッソ施肥を減らせます。

▼カリ

カリも雨が降ると地下深くに流れてしまいますが、緑肥を栽培することで、これを吸い上げ、次の作物が利用できるようになります。特にイネ科緑肥などでは、すき込み後に作土の交換性カリが高まり、多くのカリ減肥が可能になります。

▼リン酸

リン酸はチッソやカリと異なり、地下深くに流れにくいため、これを吸い上げる方法では減肥できません。ただ、緑肥に含まれるリン酸が次の作物に利用され、また、緑肥をすき込むと作物のリン酸吸収を助ける様々な土壌微生物が増えるので、リン酸施肥も減らすことができます。

緑肥利用のポイントと注意点

一般に緑肥の肥料効果は、チッソ濃度が高く分解しやすいほど顕著なため、イネ科よりマメ科で高く、すき込み時期が早いほど（若い時期にすき込むほど）、高い傾向にあります（20ページ図２）。

一方、土づくりに役立つ有機物蓄積効果はマメ科よりイネ科で大きく、すき込み時期が遅いほうが有利です。ただ、すき込みが遅すぎると、肥料効果の減少やチッソの取り込みによるチッソ飢餓の恐れがあるほか、作業性も悪くなります。そのため、適期のすき込みが重要です。

緑肥には様々な種類があり、栽培適期や期待される効果が異なります（図3）。主作物と重複しない時期に栽培できる緑肥の中から、期待する効果があるものを選びます。緑肥の種類やすき込み時期によっては、モアなど細断のための機械も必要になるので、その点も考慮してください。

すき込みから次の作物の植え付けまでの期間も重要で、腐熟期間が短すぎると、植え傷みが起きる可能性があります。逆に腐熟期間が長すぎると、緑肥に含まれる養分が流亡し、減肥の効果が小さくなることがあります。

ソルガム（イネ科）

生育が早く有機物の生産量が多い

高温を好む作物で、春から夏播きに向きます。このため、春どりのキャベツやレタスなどの収穫後に播種し、夏にすき込み、秋からキャベツやレタス、ブロッコリーなどを栽培する体系に適しています。

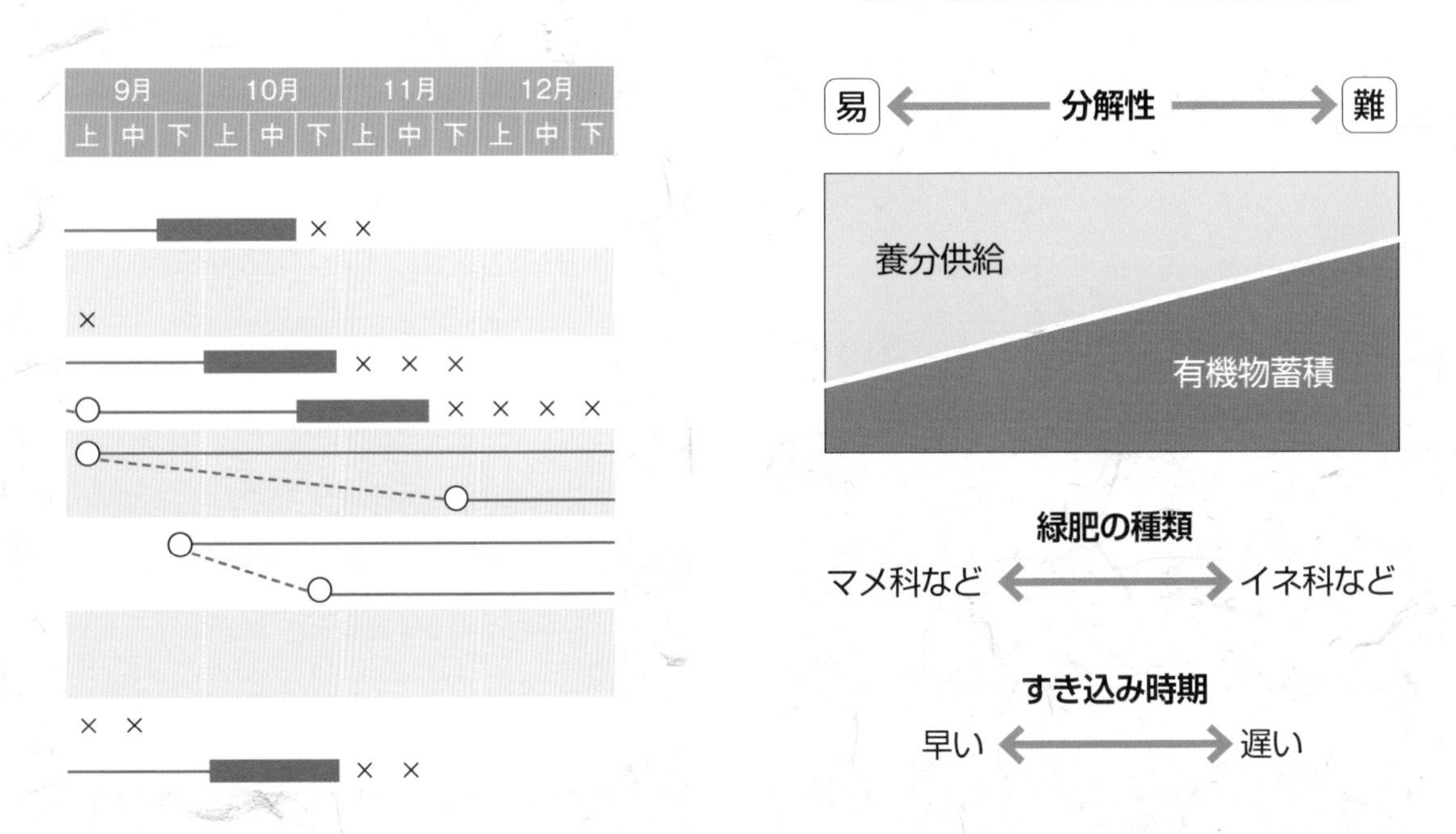

図2　緑肥の分解しやすさと効果の関係

ソルガムは生育が早く、有機物の生産量が多いのが特徴です。C／N比は15～50程度と幅が広く、生育期間が長いほど高くなります。たとえば、草丈1・5m程度ならC／N比は15～20で、すき込み後の分解が進みやすく、次の作物のチッソ減肥が可能です。一方、草丈が2mを超え、C／N比が30～40になると、チッソの放出が遅くなり、チッソ減肥ができなくなります。いずれの場合もたくさんのカリをすき込めるため、次の作物のカリ減肥が可能です。また、土壌中のバイオマスリン（土壌生物の体内に蓄積されたリン酸）が増え、次の作物の生育中に徐々に放出されるので、リン酸減肥が可能な場合もあります。

図3　緑肥の種類と代表的な栽培適期（一般地）

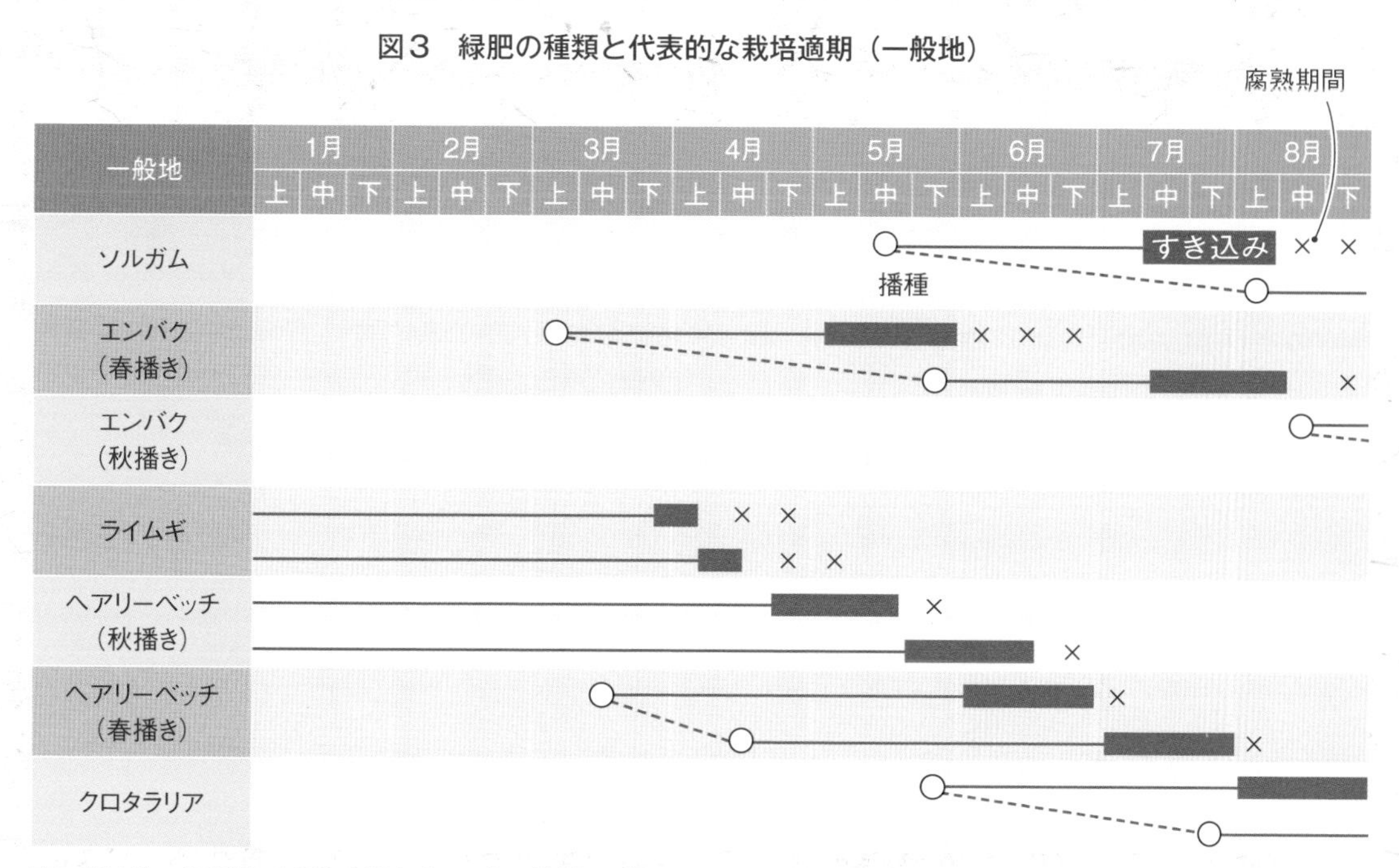

寒・高冷地、温暖地の栽培適期などは、農研機構の「緑肥利用マニュアル」参照

エンバク（イネ科）

減肥をねらうなら、出穂前にすき込む

冷涼を好む作物で、秋播きからの年内すき込みや越冬栽培、春播きに適します。年内すき込みや越冬栽培のあとにはニンジンやダイコン、サツマイモなどの栽培事例があり、春播きして夏にすき込んだあとにはレタスやニンジン、ジャガイモなどの栽培事例があります。

初期生育が旺盛で、C／N比はマメ科緑肥よりも高いものの、出穂前はC／N比が比較的低く、分解による肥料効果も期待できます。出穂後は急激にC／N比が高まり、分解しにくくなるので、肥料効果を期待するなら、出穂前にすき込みます。品種によっては、センチュウ抑制効果も期待できます。

ライムギ（イネ科）

草丈30㎝ほどですき込んで、チッソを供給

耐寒性が強いため、越冬栽培できますが、積雪地帯では雪腐病が発生することがあります。春播きも可能ですが、秋播きで春にすき込んだあとにレタスやダイコン、サツマイモなどを栽培する体系で主に利用されています。

初期生育が旺盛で、出穂後の草丈はエンバクに比べて高く、出穂すると茎葉は硬化します。草丈30㎝ほどですき込んでもチッソの供給量が多く、また、この時期はC／N比が低く分解しやすいので、チッソの肥効が期待できます。

ヘアリーベッチ（マメ科）

根粒菌の働きで、大幅なチッソ減が可能

耐寒性と耐雪性に優れ、越冬栽培できます。秋または早春に播種すると、春先から急生長し、つる性の茎が圃場全体を被覆します。春から夏にすき込み、その後、キャベツやネギ、ス

イートコーン、ダイズ、水稲などが栽培されています。

根に根粒を形成してチッソを固定し、その集積量は15～25kg／10aになり、土壌のチッソ肥沃度を高めるのに役立ちます。C／N比は10～12と低いため、土壌中で比較的早く分解され、次の作物では大幅なチッソ減肥が可能です。

クロタラリア（マメ科）

生育が早いのは丸葉よりも細葉

温暖な環境を好む作物で、春から夏播きに向きます。このため、秋にすき込んだあと、ハクサイやキャベツ、ブロッコリー、ムギ類などを栽培する場合に適しています。

根粒によるチッソ固定があり、播種60日後のチッソ集積量は20kg／10a程度で、土壌にすき込むことで地力チッソの維持向上につながります。同じように春から夏播きするソルガムに比べてC／N比も低く、次の作物でのチッソ減肥が可能です。クロタラリアには細葉と丸葉の2種類があり、これらは葉の形状だけでなく、生育速度などに差があり、細葉が丸葉よりも初期生育に優れています。

（農研機構中央農業研究センター）

メーカー横断

品種別、緑肥の効果一覧

緑肥の効果				播種期（月旬）	すき込み時期（草丈）	特性
塩類除去	土壌保全	防風、隔離作物	景観美化			
	○			9上～11中	翌3下～5中	耐寒性、耐雪性に優れた極早生品種
	○			3上～4中 9中～11中	5上～5中 11中～翌4中	超極早生。低温伸張性に優れ、アブラナ科根こぶ病の低減効果
	○	◎		9上～11中	翌3中～5中	耐寒性に優れ、乾物生産量が多い。敷きワラ利用に
○	◎			3下～5中 8下～9中 10中～11上	6上～7中 10中～11下 翌春	アブラナ科根こぶ病の低減。キスジノミハムシの被害軽減
○	◎	○		3下～5中 9上～9中 10中～11上	5中～7中 11上～12中 翌春	秋播きしても年内出穂せず、種子落下の心配がない
	◎			4中～6上	立ち枯れ後 すき込み	リビングマルチ大麦。草丈30～50㎝程度で自然に枯れて敷きワラ状になる。家庭菜園にも
○	◎	◎		4中～8上	7上～10下	根が深く入り、耕盤を破砕
◎	◎	○		5～8	7～8	耕盤破砕。黒斑細菌病耐病性
○	◎	◎		4中～8上	7上～10下	草丈1.2～1.5m、倒伏に強い。防風等
○	◎	◎		4中～8上	7上～10下	極晩生。草丈3～4m、防風・障壁効果
	◎		◎	9上～11上	翌5中～6下	アレロパシー効果で雑草抑制。耐寒性
	◎		◎	4下～5中 9上～11上	6中～7上 翌5中～6下	チッソ固定、地力増進
	○		○	4中～8上	7上～10下	地力増進効果
	○		○	5中～7下	8上～10中	根が土中深くまで入り、耕盤破砕
	○		○	6上～7中	8上～9中 （1～1.5m）	アウェナストリゴサが適さない夏季のセンチュウ対策に
	○			6上～7中	8上～9下	耕盤破砕能力が高い。草丈3～4m、耐湿性にも優れる
	○		◎	10下～11下	翌春開花期	短期輪作にも利用可。揮発性抗菌物質が土壌病菌低下に効果
	○		◎	4中～6中	7上～11中	生育旺盛で雑草競合に強い。開花時期は遅い
	○		◎	4中～6中	7上～11中	草丈が低く、すき込みやすい
	◎		◎	10中～11中	翌春開花後	花は薄紫。茎葉がやわらかくすき込みやすい

緑肥は作物ごとに多くの品種があり、効果もいろいろある。たとえば同じエンバクの緑肥でも、品種によってサツマイモネコブセンチュウに効果があったりなかったりする。現在市販されている主な緑肥用品種を一覧にする（北海道専用品種を除く）。困っているセンチュウや病気、目的に合わせて緑肥選びの参考にしてほしい――。

＊2023年2月時点での情報です。

カネコ種苗の緑肥品種一覧

品種名	作物名	科	緑肥タイプ						センチュウ対策				緑肥の効果		
			休閑	短期休閑	後作	間作	越冬	ハウス	サツマイモネコブ	キタネコブ	キタネグサレ	ダイズシスト	有機物の補給	チッソ固定	透水性改善
クリーン	ライムギ	イネ	◎		◎		◎			○	○		◎		○
ダッシュ	ライムギ	イネ	○	◎	○		○						○		○
ライダックスE	ライコムギ	イネ	○		○		○						○		○
ニューオーツ ソイルセイバー	アウェナストリゴサ （エンバク野生種）	イネ	○	◎	◎					○	◎		◎		○
ヒットマン	エンバク	イネ	○	◎	◎		○		◎				◎		○
てまいらず	オオムギ	イネ	○	◎	○	◎	○			○	○		◎		○
スダックス緑肥用	ソルゴー	イネ	◎		◎			○	◎	○	○		◎		◎
ファインソルゴー	ソルゴー	イネ	◎					◎					◎		◎
ミニソルゴー	ソルゴー	イネ	○	◎		○		◎					○		
ロールキング	スーダングラス	イネ	◎		◎			○	◎				◎		◎
まめっこ	ヘアリーベッチ	マメ	◎		○		◎						○	◎	
シストル	クリムソンクローバ	マメ	◎		○		○					◎	○	◎	○
クロタラリア	クロタラリア （ジュンセア）	マメ	◎		◎			◎	◎				◎	◎	○
ネマクリーン	クロタラリア （スペクタビリス）	マメ	◎		◎			◎	◎	◎			◎	◎	○
エビスグサ	エビスグサ	マメ	◎		◎						◎		◎	◎	○
セスバニア ロストアラータ	セスバニア	マメ	◎		◎								◎	◎	◎
地力	シロカラシ	アブラナ		○	◎								◎		◎
フィールドキーパー	マリーゴールド	キク	◎		◎				○	○	◎		◎		
セントール	マリーゴールド	キク	◎		◎				○	○	◎		○		
めぐみ	ハゼリソウ	ハゼリソウ		◎									◎		

緑肥の効果						播種期（月旬）	草丈（cm）	すき込み期	特性
チッソ固定	透水性改善	塩類除去	土壌保全	防風・草生	景観美化	一般地			
	○		◎	◎		3上～4中 9下～12上	120～140	～出穂始	秋播きでキタネグサレセンチュウ対策に 春播きで雑草管理や土壌流亡防止に
	○		◎	◎		3上～4中 9下～12上	120～140	出穂前後	高原野菜や果樹類の敷ワラに 果樹園の草生栽培
	○		◎	◎		10中～11中	110～130	出穂～開花期	野菜類の防風・防砂・敷ワラに
	○		◎	◎		3～5月 8下～9中 10中～11上	100～120	出穂前後	ダイコン、ニンジン、ナガイモのセンチュウ対策、キャベツ、ハクサイの根こぶ病対策に
	○		◎			8下～9中	100～120	出穂前後	晩夏播きでサツマイモネコブセンチュウ対策に 南九州など秋季温暖な地域では9中～9下の播種が望ましい
	○		◎	◎		3～5月 8下～9中 10中～11上	100～130	出穂前後	コンニャク、高原野菜の防風・敷ワラに
	○		◎			8下～9上	100～120	出穂前後	サツマイモのセンチュウ対策に
	○	◎	○	◎		5中～8中（露地） 5～8月（ハウス）	280～330	播種50～60日後	サツマイモネコブセンチュウ対策に ハウス、キュウリ、トマト、イチゴ、露地野菜の有機物補給に
	○	◎	○	◎		5中～8上 5～8月（ハウス）	150～200	播種50～60日後	ドリフトガード、防風に
	○	◎	○	◎		5中～8上（露地） 5～8月（ハウス）	160～210	播種50～60日後	夏の休閑期の有機物補給に
	○	◎	○	◎		5中～8上（露地） 5～8月（ハウス）	160～210	播種50～60日後	夏の休閑期の有機物補給に
	○	◎	○			5中～8上（露地） 5～8月（ハウス）	250～300	播種60日前後	根菜類のセンチュウ対策に
	○	◎	○			9下～10下	100～120	出穂前後	水田裏作、果樹下草利用に
	○	◎	◎			9下～10下	100～120	出穂前後	晩生品種のため、休閑緑肥や果樹下草として長期利用可
	○	○	○			6上～8上 5～8月（ハウス）	200～250	播種50～70日後	根菜類、果菜類のセンチュウ対策に
	○	○	○			6上～8上 5～8月（ハウス）	220～240	播種50～70日後	根菜類、果菜類のセンチュウ対策に
	○		◎			5下～8中（露地） 5～8月（ハウス）	200～250	播種50～60日後	ソルガム類のいや地の影響を受けない キタネグサレセンチュウおよびサツマイモネコブセンチュウ対策に
	◎	○	○			5中～7中	100～150	播種50～60日後	水田転作畑や湿害が起きやすい圃場の有機物補給に
	○		◎			5中～7中	80～100	最短播種40日後	茶園・果樹園等でのリビングマルチ利用、畝間利用に
	○		◎		○	8下～9中	50～80	永年利用	草生栽培、法面に
	○		◎			4上～6中	20～30 （自然草高）	8月以降枯死	コンニャクの間作利用、ウリ類の下草利用、遊休地の雑草対策に
	◎		◎			9中～10中	40～70	自然枯死	草生栽培、刈取り管理不用で省力化に

雪印種苗の緑肥品種一覧（都府県用）

商品名（品種名と異なる場合は、カッコ内に品種名を記載）	作物名	科	緑肥タイプ						センチュウ対策							緑肥の効果
									ネコブ				ネグサレ			
			休閑	後作	間作	越冬	ハウス	果樹草生	サツマイモ	ジャワ	キタ	アレナリア	キタ	ミナミ	クルミ	乾物収量（kg/10a）
R-007（ウィーラー）	ライムギ	イネ	○	◎		◎		◎			◎		○			600～900
緑春Ⅱ（レンズアブルッツィ）	ライムギ	イネ	○	◎		◎		◎			◎					600～900
ライコッコⅢ（タッカーボックス）	ライコムギ	イネ		◎		◎					◎					600～900
ヘイオーツ	アウェナ ストリゴサ（エンバク野生種）	イネ	◎	◎		◎					◎		◎	○		500～800
スナイパー	エンバク	イネ		◎					◎		◎					500～700
とちゆたか	エンバク	イネ	○	◎		◎					◎					600～800
たちいぶき	エンバク	イネ		◎					◎		◎					500～700
つちたろう（ジャンボ）	ソルガム	イネ	◎	◎			◎		◎		◎					700～1,000
短尺ソルゴー	ソルガム	イネ		◎							◎					－
テキサスグリーン	ソルガム	イネ	◎	◎			◎				◎					700～1,000
グリーンソルゴー（スーパーダン）	ソルガム	イネ	◎	◎			◎				◎					700～1,000
ねまへらそう（スーパーダン2）	スーダングラス	イネ	◎	◎			◎		○		◎		○			600～900
ヤヨイワセ	イタリアンライグラス	イネ		◎		◎		○			◎					600～800
エース	イタリアンライグラス	イネ		◎		◎		○			◎					600～900
ソイルクリーン	ギニアグラス	イネ	◎	◎			◎		◎	◎	◎	○	○			600～800
ナツカゼ	ギニアグラス	イネ	◎	◎			◎		◎	◎	◎	○	○			500～800
ネマレット（ADR300）	パールミレット	イネ	◎	◎			◎		○		◎		○			1,000～1,500
青葉ミレット	ヒエ	イネ	◎	◎							◎					500～1,000
トップガン	テフグラス	イネ	◎	◎	◎		◎	○			◎					400～500
CY-2（シーワイツー）	クリーピングベントグラス	イネ				◎		○			○					500～700
らくらくムギ（ラマタ）	オオムギ	イネ	○		◎						○					100～200
ゾロ	ナギナタガヤ	イネ						◎			◎					－

緑肥の効果						播種期（月旬）	草丈（cm）	すき込み期	特　性
チッソ固定	透水性改善	塩類除去	土壌保全	防風・草生	景観美化	一般地			
	○		○			3中～4下 9下～10上	50	出穂期に刈払い	リンゴなどの果樹園の草生栽培に
	○		○			3中～4下 9下～10中	50～70	出穂期に刈払い	リンゴなどの果樹園の草生栽培に
	○		○			5下～7中	20～40	出穂期に刈払い	リンゴなどの果樹園の草生栽培に
	○		◎		○	5下～8上	20～30	永年利用	草生栽培、法面に
◎	○		◎		○	3上～4上 8下～9中 9中～11上	30～50	適宜 （播種60日後以降）	遊休地の雑草・地力対策、果樹の草生栽培に。水稲、ダイズの前作緑肥に 寒太郎との混播利用でミツバチの蜜源として長期利用可
◎	○		◎		○	3上～4上 8下～9中 9中～11上	30～50	適宜 （播種60日後以降）	寒・高冷地での遊休地の雑草・地力対策に。水稲、ダイズの前作緑肥に
◎	○		◎		○	3上～4上 8下～9中 9中～11上	30～50	適宜 （播種60日後以降）	遊休地の雑草・地力対策、果樹の草生栽培に。水稲、ダイズの前作緑肥に
◎	○		◎		◎	9上～10上	30～50	田植え3週間前	水田前作緑肥、景観美化に
◎	○		○		◎	3上～4上 8下～9中 9中～10中	30～60	開花期	景観美化、ダイズシストセンチュウ対策に
◎	○		○		○	3中～4下 9下～10中	10～20	適宜刈払い	果樹園の草生栽培に
◎	○		○			5下～7中	120～150	播種60～80日後	エダマメ、サトイモ、サツマイモ、果菜類のセンチュウ対策に
◎	○		○		◎	5下～7中	120～150	播種80～90日後	エダマメ、サトイモ、サツマイモ、果菜類のセンチュウ対策に
◎	○		○		◎	5下～7下	120～200	播種50日後	果菜類、サツマイモのセンチュウ対策に
◎	◎		◎			5下～7下	150～200	播種50～60日前後	水田転作畑の土壌物理性・排水性改善と地力向上に
◎	○		○		◎	3上～4上 8下～9中 9中～10中	30～80	秋・春播きは開花期	景観美化、ダイズシストセンチュウ対策に
	○		○		◎	3～4 10中～11上	100～160	着蕾～開花初期	土壌病害、秋播きでサツマイモネコブセンチュウ対策（茎葉の生草重4t以上必要）に
	○		○		◎	3月、11月	80～120	開花期	景観美化、遊休地対策に
	○		◎		◎	5中～9上	140～160	開花期	短稈早生種。景観美化に
	○		○		◎	5下～7上 （開花8上～9中）	50～60	定植80～90日後	センチュウ対策に（栽培日数80日前後必要）。景観美化に
	○		◎		◎	3～4 10下～11中	60～80	開花期	景観美化、土壌流亡防止に。長ネギの前作緑肥に
	○		○			5上～7中	10	永年利用	果樹園の難作業場所に
			○		◎	3下～6下、 9上～10中 （開花5下～8下、 4中～10中）	50～90	－	景観美化、遊休地対策に
			○		◎	4中～8上 （開花6中～9中）	80～120	－	景観美化、遊休地対策に

雪印種苗の緑肥品種一覧（都府県用）

商品名（品種名と異なる場合は、カッコ内に品種名を記載）	作物名	科	緑肥タイプ						センチュウ対策							緑肥の効果
									ネコブ				ネグサレ			
			休閑	後作	間作	越冬	ハウス	果樹草生	サツマイモ	ジャワ	キタ	アレナリア	キタ	ミナミ	クルミ	乾物収量（kg/10a）
ヌーブループラス	ケンタッキーブルーグラス	イネ						◎			○					−
ダイナマイトG-LS	トールフェスク	イネ						◎			○					−
ピラミッドII	バミューダグラス	イネ						◎			○					−
サンティ	センチピードグラス	イネ				○		◎			○					−
藤えもん（マッサ）	ヘアリーベッチ	マメ	◎	◎		◎		◎								300～600
寒太郎（サバン）	ヘアリーベッチ	マメ	◎	◎		◎		◎								300～650
まめ助（ナモイ）	ヘアリーベッチ	マメ	◎	◎		○		◎								300～600
レンゲ	レンゲ	マメ		◎		◎										200～300
くれない	クリムソンクローバ	マメ	◎	◎		◎										300～600
アバパール	シロクローバ	マメ	◎		○	◎		○								500～700
ネマックス	クロタラリア	マメ	◎	◎			◎		◎	◎	◎	◎		◎	◎	300～500
ネマキング	クロタラリア	マメ	◎	◎			◎		◎	◎	◎	◎		◎	◎	300～500
ネマコロリ	クロタラリア	マメ	○	◎			◎		◎		○			○		400～600
田助	セスバニア	マメ	◎	◎												400～600
まめ小町（Mame-Komachi）	ペルシアンクローバ	マメ	◎	◎		○										300～600
辛神	カラシナ	アブラナ		◎		◎	◎		○							400～800
キカラシ（メテックス）	シロガラシ	アブラナ	◎	◎		○										400～800
サンマリノ（NSデュカット）	ヒマワリ	キク	◎	○												500～800
アフリカントール（クラッカージャックダブルミックス）	マリーゴールド	キク	◎	◎					◎	○		○	◎			500～700
アンジェリア	ハゼリソウ	ハゼリソウ	◎	◎		○										300～600
ダイカンドラ	ダイカンドラ	ヒルガオ						◎								−
スノーミックスフラワー花壇用	花類		◎			○										−
センセーションミックス	コスモス		◎			○										−

生草収量（t/10a）	播種期 中間･暖地（月旬）	出穂開花時の草丈（cm）	特　性
3～5	9～11 3～5	180～250	低温条件下でも発芽・生育でき、根こぶ病菌の密度抑制
3～5	9～11 3～5	180～250	越冬性に優れ、黒斑細菌病に罹病しない
3～5	9～11 3～5	180～250	越冬性に優れ、早春の生育が旺盛
3～4	3～11 （7～8月除く）	100～120	キスジノミハムシに効果
3～5	8/下～11 3～5	100～120	晩夏播きで年内出穂、超極早生
3～5	8/下～11 3～5	100～120	サツマイモネコブセンチュウの密度抑制
3～5	8/下～11 3～5	100～120	晩夏播きで年内にすき込める
3～6	9～11 3～5	100～140	耐寒性・耐倒伏性に優れる
3～6	9～11 3～5	100～140	葉幅が広い高収量エンバク
6～8	5～8	200～280	サツマイモネコブセンチュウの密度抑制
2～3	5～8	120～130	草丈が低く、ハウス内緑肥、障壁栽培にも向く
5～7	5～8	200～280	初期生育が旺盛で吸肥力が強い
3～4	5～8	120～150	茎葉がやわらかく、すき込みやすく、バンカークロップにも向く
8～10	5～8	250～350	環境ストレスに強く有機物量豊富
7～9	5～8	250～300	極晩生の超多収タイプ
6～8	5～8	250～320	ネコブセンチュウの密度抑制
6～8	5～8	250～320	すき込み適期が広く、使いやすい
3～5	9～11/上 3～4	100～150	地力増進に、転作に
3～5	9～11 3～4	100～150	直立型、安定多収
3～5	9～11 3～5	80～120	耐湿性に優れ、水田裏作や転作田での利用
3～5	9～11 3～4	100～150	極多収。立性で耐倒伏性が強い4倍体

タキイ種苗の緑肥品種一覧

品種名	作物名	科	センチュウ対策							生育特性			環境適応性		
			ネコブ				ネグサレ								
			サツマイモ	ジャワ	キタ	アレナリア	キタ	ミナミ	クルミ	初期生育	再生力	耐倒伏	乾燥	湿潤	酸性
ライ太郎	ライムギ	イネ			○					◎	△	△	○	○	◎
緑肥用ライ麦（晩生）	ライムギ	イネ			○		◎			○	△	△	○	○	◎
ライトール	ライムギ	イネ			○					○	△	○	○	○	◎
ネグサレタイジ	アウェナストリゴサ（エンバク野生種）	イネ			○		◎			◎	△	△	○	○	◎
九州14号	エンバク	イネ								◎	○	◎	○	○	◎
たちいぶき	エンバク	イネ	◎		○					◎	○	◎	○	○	◎
極早生スプリンター	エンバク	イネ								◎	○	◎	○	○	◎
アムリ2	エンバク	イネ								○	○	◎	○	○	◎
前進	エンバク	イネ								○	○	◎	○	○	◎
ラッキーソルゴーNeo	ソルゴー	イネ	◎		○					◎	◎	◎	◎	○	○
メートルソルゴー	ソルゴー	イネ								◎	◎	◎	◎	○	○
緑肥用ソルゴー	ソルゴー	イネ								◎	◎	◎	◎	○	○
やわらか矮性ソルゴー	ソルゴー	イネ								◎	◎	◎	◎	○	○
グランデソルゴー	ソルゴー	イネ								◎	◎	◎	◎	○	○
トウミツA号ソルゴー	ソルゴー	イネ								◎	◎	◎	◎	○	○
ベールスーダン	スーダングラス	イネ	○		○					◎	◎	◎	◎	○	○
いつでもスーダン	スーダングラス	イネ	◎		○		○			◎	◎	◎	◎	○	○
ワセフドウ	イタリアンライグラス	イネ								◎	◎	○	○	◎	○
ワセホープ	イタリアンライグラス	イネ								◎	◎	◎	○	◎	○
ガルフ	イタリアンライグラス	イネ								◎	◎	○	○	◎	○
タチサカエ	イタリアンライグラス	イネ								◎	◎	◎	○	◎	○

生草収量（t/10a）	播種期 中間・暖地（月旬）	出穂開花時の草丈（cm）	特　性
3～5	4/下～7	120～200	耐湿性が強く、転換畑に好適
3～5	4/下～7	100～130	草丈は低く生育が早い
	4～6/中	15～30	早枯れタイプのリビングマルチで雑草抑制
1～2	9/中～11/上	30～60	果樹園の草生栽培。日本在来種
	3/下～5/下 9～10	15～50	トールフェスク＋ケンタッキーブルーグラスの2種混合
	5～6	30～50	ヘアリーベッチで農地を持続
2～4	9/中～11/上 3～4/中	40～50 （ほふく性）	果樹園・転換畑の雑草を抑制
2～4	9/中～11/上 3～4/中	50～70 （ほふく性）	越冬性に優れ積雪地帯の利用に適する
3～4	9/下～11/上	40～60	地力増進に、転作に、景観に
3～5	9/下～11/中 3～4/中	50～100	ダイズシストセンチュウに効果
2～4	9/中～11 3～6/上	20～40	年中緑を保ち、チッソを固定
3～5	9/下～11/中 3～4/中	50～100	ダイズシストセンチュウに効果
3～5	5～8	200～250	ダイズシストセンチュウにも効果
3～4	9/中～11/上	80～120	冷涼地でも栽培可。油がとれる
5～7	9～10 3～6	40～50	おとり作物として根こぶ病に効果。すき込み後に燻蒸効果
3～4	10/下～11 3	100～150	生物燻蒸作物として注目
3～4	10/中～下 2～3	50～140	辛味成分で土壌を燻蒸、清潔に
2～4	5～8	140～180	草丈低く、55～65日前後で開花
3～5	5～7	50～100	花が咲かないマリーゴールド
3～5	5～7	80～100	センチュウ抑制効果が高いフレンチ種
2～3	8/下～10/上	40～50	ヒマラヤ生まれの赤花そば

タキイ種苗の緑肥品種一覧

品種名	作物名	科	センチュウ対策							生育特性			環境適応性		
			ネコブ				ネグサレ								
			サツマイモ	ジャワ	キタ	アレナリア	キタ	ミナミ	クルミ	初期生育	再生力	耐倒伏	乾燥	湿潤	酸性
ホワイトパニック	ヒエ	イネ								○	○	◎	○	◎	○
白ヒエ	ヒエ	イネ								○	○	◎	○	◎	○
おたすけムギ	大麦	イネ								◎			○	○	○
ナギナタガヤ	ナギナタガヤ	イネ								△			◎	○	○
フルーツサポーター	寒冷型芝草2種混合	イネ								○			◎	◎	◎
まめむぎマルチ2	ライムギ・ヘアリーベッチ	イネ・マメ								○			○	○	○
ナモイ	ヘアリーベッチ	マメ								△	△		◎	△	○
ウインターベッチ	ヘアリーベッチ	マメ								△	△		◎	△	○
れんげ	レンゲ	マメ								△			△	○	○
ディクシー	クリムソンクローバ	マメ								○		△	○	○	○
フィア　(Rh)	白クローバ	マメ								△	◎		○	○	◎
メジウム	赤クローバ	マメ								△	◎		○	○	◎
ネコブキラー	クロタラリア	マメ	◎		○			○		△		○	◎	△	○
キザキノナタネ	ナタネ	アブラナ								○		○	△	○	○
コブ減り大根	ダイコン	アブラナ	○							◎		◎	○	○	○
黄花のちから	カラシナ	アブラナ	○							○		○	◎	○	△
いぶし菜	チャガラシ	アブラナ	○				○			○		○	◎	○	△
ジュニアスマイル	ヒマワリ	キク								◎		◎	◎	○	○
エバーグリーン	フレンチマリーゴールド	キク	◎	○	◎	○	◎	○		△	△	◎	○	△	△
グランドコントロール	フレンチマリーゴールド	キク				◎				△	△	○	○	△	△
高嶺ルビー Neo	ソバ（赤花ソバ）	タデ								◎		○	○	○	○

※タネの入手はお近くの種苗店で

菜の花の緑肥

文・写真　編集部

　景観作物として古くから利用されてきた菜の花は、きれいな花を咲かせるだけでなく、炭素率（C/N比）が20前後で緑肥としての働きも兼ね備えている。菜の花の仲間であるキカラシやシロカラシは生育が早くきれいで、排水性のよい畑なら短期多収をねらうことができる。北海道の畑作農家などでは輪作体系に組み込まれているようだ。ただし、根こぶ病に感染してしまう、分解が早くほかの緑肥作物に比べて減肥効果が薄いなどの問題もある。

　また、花を咲かせる緑肥作物は景観をよくするだけでなくハチの蜜源にもなる。

第2章
作付け前の緑肥で地力がわかる

育ち具合で土の状態がわかる

借りた畑、作付け前にはまず緑肥

千葉●武内 智

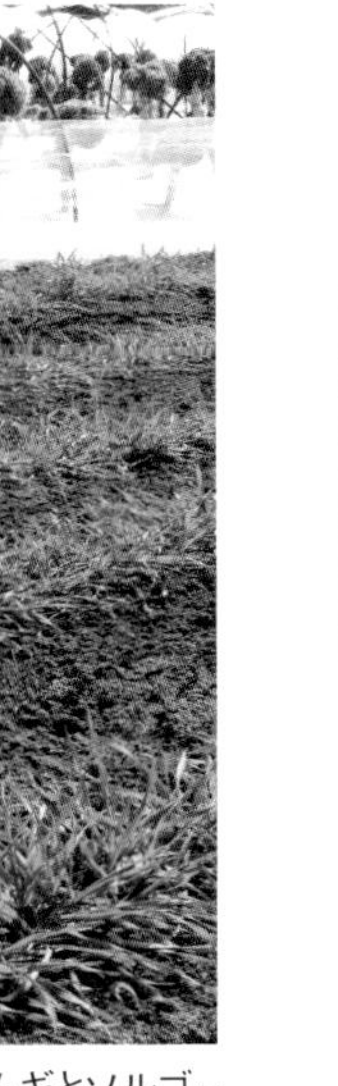

3月上旬、手前は緑肥のライムギ、奥はケール。前年は畑を休ませ、ライムギとソルゴーをすき込んでいるので、どちらも生育がよい（倉持正実撮影、以下K）

畑の良し悪しがわからなかった

農業への関わりは25年前の1997年、和食レストラン「濱町」や郷土料理店「北海道」などの外食企業を経営する傍ら、群馬県倉渕村（現、高崎市）に山林5haを開墾造成して農場を開設したのが始まりです。店舗で使う有機野菜を自社農場でつくりたい。社員教育の一環として、野菜の知識を深めたい。そんな思いを持って、農家の友人たちの協力で実現した農場です。

その後ワタミ㈱に呼ばれて、居食屋「和民」などで使う食材を生産するワタミファームを創業。最初は有機農業の仲間が多い千葉県山武市で野菜をつくり始めました。ここは有機農家たちが貸してくれた「いい畑」でした。

筆者（70歳）。㈱シェアガーデンの代表で、社員3人と有機野菜をつくる（K）

そして、農場の全国展開。有機農業の仲間から借りた農地は普通に野菜ができましたが、行政の誘致で借りた農地はよさそうに見えるものの、作付けしてみると作物がまともに育ちません。農地では作物ができて当たり前、まさか野菜が育たないとは考えてもいませんでした。当時の私には、土壌の良し悪しを判断する力が備わっていなかったのです。

畑の状態をうわべだけで判断してスタートし、作付けしてから土の悪さに気がつき、大きな赤字を出した農場も複数あります。野菜ができない農地の土づくりには5年、10年単位の時間と経費がかかります。当時、今のように緑肥で地力を診断する技術を身に付けていたら、もう少し赤字は減らせたと思います。

新規就農者には緑肥がおすすめ

新規就農者はいい畑になかなか恵まれません。私もそうですが、耕作放棄地や化学肥料で疲弊した畑しか借りられない場合も多いようです。そういう人には緑肥がおすすめです。

緑肥栽培は野菜づくりに比べれば簡単で、誰でも畑の良し悪しがわかります。そして、有機農業に欠かせない有機物の補給といった観点でも、緑肥は非常に重要です。

また、緑肥を栽培しておけば、雑草対策にもなります。緑肥は生長が早いため、雑草が日陰になるのです。ヘアリーベッチに至っては、アレロパシー効果（他感作用）で雑草を抑制します。

緑肥の経費は種類にもよりますが、タネ代が1kg500〜800円として、1ha播種しても2万〜3万円（播種量は10a3〜4kg）。肥料代を考えれば安いものです。

最初は生育の早いヘイオーツ　次に根が深く張るソルゴー

今の農場はワタミを退職したあと、若いスタッフに有機農業を教える場として6年前に開設しました。スタートは1・5haで現在は5・2ha。

私は過去の苦い経験から、借りた畑ではすぐに作物を栽培しません。土壌分析もしますが、それは参考程度。まずは1年ほど緑肥で様子を見てから、つくる野菜を決めています。

最初は生育の早いヘイオーツです。これで畑のおおよその状態がわかります。ヘイオーツの生育が思わしくなければ、ほとんどの場合、土の物理性に問題があります。次に根が深く張るソルゴーを栽培して水はけを改善します。物理性の悪さが深刻なら、サブソイラで耕盤を破砕しますが、それでも効果がなければ、バックホーで明渠や暗渠を掘ります。どんな農地であっても、物理性の改善が最重要ポイントです。

緑肥の葉が黄ばむなど、微生物バランスや肥料分に問題があると判断した場合は、収穫残渣や食品残渣を材料とした植物性の完熟堆肥を多めに投入（10a3〜4t）。肥料分がほとんどない堆肥でも、微生物が十分にいるものであれば、土中の有機物を可給態チッソに変えてくれるのです。

ゴボウのウネ間にヘアリーベッチ。雑草を抑える

借りたばかりの畑にヘイオーツ。4月に播種、6月の状態。生育が早いのですぐに土の状態がわかる

輪作の例

▼20年

トウモロコシの生育がばらつく

▼21年

春にライムギを、夏にソルゴーをすき込む（右写真）。秋にケールを定植、畑の一部にライムギを播種

⬇

「緑肥で有機物補給」「ソルゴーの深い根」「堆肥の量の調節」などによって、物理性などのムラが改善され、生育が揃う

8月。生育ムラがあり、矢印部分は草丈が低いので、そこには堆肥を余分に撒いてすき込む

緑肥の使い分け

農場では新規の畑以外でも「作付け前の緑肥」を原則にしています。ヘイオーツのほか、クロタラリアやソルゴー、ライムギ、ヘアリーベッチなどを野菜の種類や季節によって使い分けています。ニンニクの作付け前には、根粒菌によるチッソ固定やリン酸補給をねらってクロタラリア。冬場に空いている畑ではライムギ。土壌の物理性改善にはソルゴー。ウネ間や株間の雑草対策ではヘアリーベッチといった具合です。

これらの緑肥は花が咲く前の栄養豊富な状態で粉砕します。このとき、作業を効率的に進めるためにも、ハンマーナイフモアが欠かせません。粉砕後は1週間ほど置き、完全に乾燥しないうちにロータリですき込むのがポイントです。そうすることで緑肥の分解を早めます。

アブラムシがつかない

最近は、緑肥の状態がよければ、他の肥料を投入しないで野菜を作付けするケースも増えています。

カリーノケールは露地30aとハウス20aで栽培していますが、一昨年までは鶏糞やボカシ肥料を入れて、チッソが多くなってしまったのか、必ずといっていいほどアブラムシが発生していました。そのため、捨てる分が多く、袋詰めなどの調製作業にも手間取っていました。去年は緑肥と完熟堆肥だけで作付けたところ、アブラムシが発生せずに生産性が飛躍的に向上。緑肥栽培を続けることで年々地力が向上し、畑はよい状態を維持できています。

全国の耕作放棄地などで有機農業をやろうとしている若い方々には、絶対におすすめです。

（千葉県八街市・㈱シェアガーデン）

収穫したケール。肥料を入れずに緑肥と堆肥だけにしたら、アブラムシが来なくなった。以前は半分捨てていたが、今は9割が商品になる（K）

緑肥で畑を診る　その1

3月上旬、武内さんのライムギ畑にて。寒くて草丈はまだ低いけれど、その時点でわかることもけっこうあった。（編集部）

手前は青々としているが、奥はどうも様子がおかしい（写真はすべて倉持正実撮影）

手前と奥をそれぞれ掘ってみると……

葉色が淡く、株が小さい。おそらく水はけの悪さが原因だという

緑肥の生育がいいところ（手前）

土がやわらかく、掘るのに力がいらない。深さ60㎝でやめたが、1mくらいまで簡単に掘れそうだった

どの深さの土もすくい上げると、指のあいだからすべり落ちていく

これはいい！

団粒構造が発達して、
保水性も排水性もバッチリ。
ここならなんにもしなくても、
野菜が立派に育つはず

緑肥の生育が悪いところ（奥）

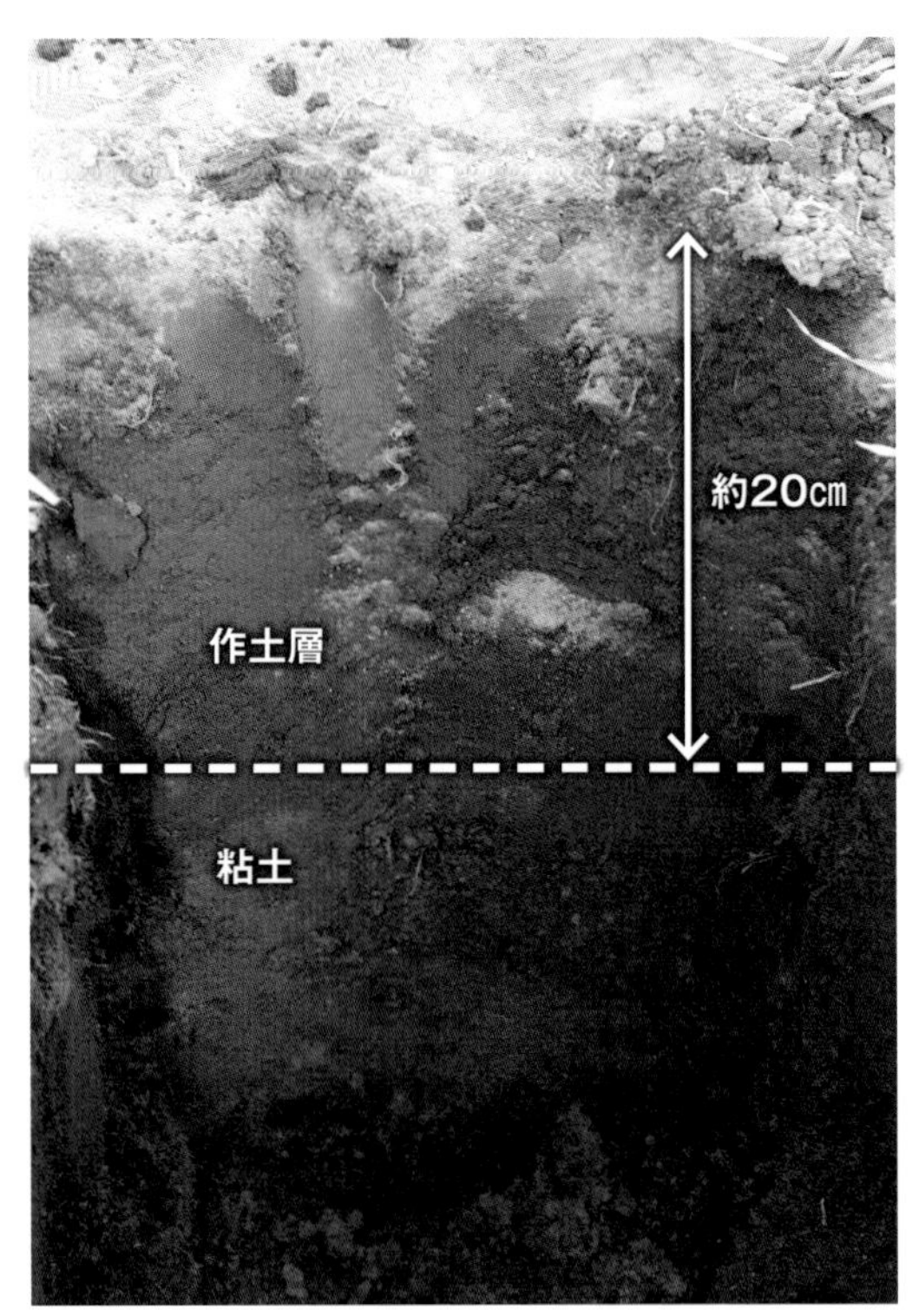

土がかたくて重く、スコップを刺すのにも一苦労。作土層が浅く（約20㎝）、すぐに粘土の層が出てきた

掘り出した粘土のかたまり。水分が多く、そう簡単には崩せない

ここには根が入っていけないな。
堆肥を多めに入れたり、
サブソイラを念入りにかけたりして、
土の物理性を改善しなくちゃ

緑肥で畑を診る（その2）

ライムギの生育は右（A）がよくて、真ん中（B）が悪い。部分的に左奥（C）も旺盛

Aに比べて、株の大きさは半分にも満たない。すぐに土を改善する必要がある

前作はゴボウで、堆肥を大量に入れ、トレンチャーで深さ1mほど掘り返したので、水はけが抜群によくなった。おかげで緑肥の生育も順調

C

← 堆肥

部分的に生育良好

そばに堆肥が積んであるので、その影響で緑肥の生育もよくなった!?

同じ畑でも、緑肥の育ちが
ぜんぜん違うでしょ。
それにしても、
真ん中はまったくよくねえな。
社員もみんな、そこでは
野菜をつくりたがらない

緑肥は地力を高める炭素源

神奈川●千葉康伸

11年前に借りた、石灰過剰（pH7.5）のやせた耕作放棄地。ソルゴーを播いて地力を増やし、カルシウムを好むネギやタマネギを植えて土を落ち着かせてきた。現在はpH6.5

4haの畑で50品目を栽培

私は30歳で脱サラし、高知県で2年間研修を受けました。その後、神奈川県愛川町で新規就農し、11年が経過しました。

現在、4haの野菜畑を7人の研修スタッフとともに日々汗をかきながら、無農薬・無化学肥料で年間約50品目の野菜を育てています。また、誰もが農業で起業し、経営を継続していけるしくみを作るべく、NPO法人「有機農

筆者（44歳）

緑肥とニンジンの年１作で地力アップ

11月28日

11年前に借りた畑。肥料バランスはよかったが、とにかく土がやせていた。住宅地の近くで堆肥を入れられず、ソルゴーで土づくりしたあと、ニンジンの年1作（緑肥はムギ類）を続けてきた。反収は2t弱だったが、現在は4tほどと地力がついた。肌がきれいで味のよいニンジンがとれる

4月21日

ハンマーナイフモアで緑肥のライムギを倒す。このあとトラクタですき込み、透明マルチを張って太陽熱処理したあと、8月にニンジンを播種

業参入促進協議会」、一般社団法人「次代の農と食をつくる会」の代表を兼務し、新規就農者の独立支援や全国各地での講演・現地指導、地域ブランディングなどを続けております。

緑肥を育てれば、土壌の状態を分析できる

就農当時を振り返ると、最初に借り受けた畑は計1・4haでした。20年間草を生やさないように耕耘を続けていたやせた畑や、石灰過剰でpH7・5以上の畑もありました。その後、耕作放棄されて雑木の茂った畑や、抜根後の茶畑なども借り受け、現在に至ります。

就農当時は現在のような国からの補助などもなく、どんな畑でも年に1回は作付けしないと生活を持続できません。がむしゃらに作付けしました。

作物をつくりながら、各畑の土壌の状態についてある程度の情報は得られました。ただ、作物がうまく育ったときに、土壌条件だけでなく、ウネの高さ、栽植密度、管理の仕方、天候などたくさんの要素がありすぎて、何がよかったのかがなかなか分析しにくい。逆に、うまく育たなかったときも然り。

その点、作付け前に緑肥を育てると、同じ畑の中でもあからさまにところどころで生育の違いが現われ、物理性や生物性、地力の違いなど、作付けにあたっての大変重要な情報が得られます。

緑肥の生育を見て、作物を決める

たとえばソルゴーを播いて、背が高いところと低いところ。これは作物が根を張れる根域を教えてくれます。たいていは物理性の違いです。水が溜まりやすかったり、そもそも土がかたかったりと、固相・液相・気相の割合が偏っていると背丈が低くなってしまいます。

そんな場所には根域が浅くて済む、カボチャや葉物野菜が向きます。ウネを立てればジャガイモも育つし、粘土質で水もちがよければサトイモにしようか、などと考えます。

逆に、ソルゴーが高く育ったところ

ヒマワリ緑肥。菌根菌の働きによって、黒ボク土のアルミニウムや鉄で固定されたリン酸を解放してくれる。このあとタマネギを植える

ハンマーナイフモアを2回かけて緑肥を砕く

には、直根が伸びて深い根域を求めるナスやトマト、ダイコン、ゴボウなどが向きます。

　また、緑肥にも種類があり、土づくりの目的に合ったものを播きます。チッソ分を増やしたければ、マメ科のヘアリーベッチやクロタラリア。土壌に固定されたリン酸を有効活用したければ、菌根菌が共生するヒマワリ。微生物を殖やしたければ、茎に糖分（炭素）をしっかり蓄えるソルゴー。センチュウ抑制をしたければライムギやエンバク。硬盤破砕をしたければセスバニア、と使い分けています。

　なお、緑肥のすき込み時には、微生物による分解を促すために、米ヌカやナタネ粕などのチッソ分を補給したりもします。

やせた土地には豚糞＋緑肥

　緑肥を播く前には、土壌診断で化学性を見て、バットグアノや貝化石といった天然系のミネラル資材を補給することもあります（作業の都合で緑肥すき込み後になることも）。

　このとき、ミネラルの総量が不足したやせた畑は、土づくりのチャンスと捉えます。私の地域には良質な豚糞堆肥があります。豚糞堆肥には様々なミネラルがバランスよく含まれ、炭素も多い。そこで、まず診断結果をもとに豚糞堆肥を1～3t投入したうえで、緑肥を播きます。

　緑肥は堆肥の栄養分で育ちます。育った緑肥を土にすき込めば、動物性の肥料分が植物性に置き換わり、短時間で地力がアップします。

　総じて動物性の肥料はC／N比が低く、微生物の活動によって有機態チッソが無機態チッソに変化しやすく、速効性があります。一方、植物性の肥料はC／N比が高めで無機態チッソが供給されるのに時間を要する緩効性です。

　作物はゆっくりと根を張り、チッソ分を使って体をつくり、炭素分で頑丈な細胞壁をつくる。病害虫の発生を抑制する効果もあると考えます。

「畑まるごと堆肥化」

　ここで紹介した手法や考え方は師匠の山下一穂さん（故人）から受け継いだもので、「畑まるごと堆肥化」と呼んでいます。緑肥だけでなく収穫後に

千葉康伸さんの土づくり

①土壌分析による化学性の補正

1～3月の作付けが少ない時期に、全圃場で土壌分析を実施。結果に応じてミネラルを補給する。圃場ごとに化学性は違うので、ゆっくり時間をかけてバランスを整えていく。

②有機物により、物理性・生物性を改善

栽培で出る植物残渣や、堆肥、緑肥や雑草などを土にすき込み、微生物が殖え、食物連鎖が活発に進み、土が団粒化されるしくみを構築。特に、緑肥を中心に組み立てている。

①、②を毎年繰り返すことで、土に炭素が蓄積し、地力が年々増加するしくみを時間をかけて構築していく。ニンジンでは緑肥にムギ類を使用。当初の反収は2t弱だったが、現在は4tほどと地力がついた。

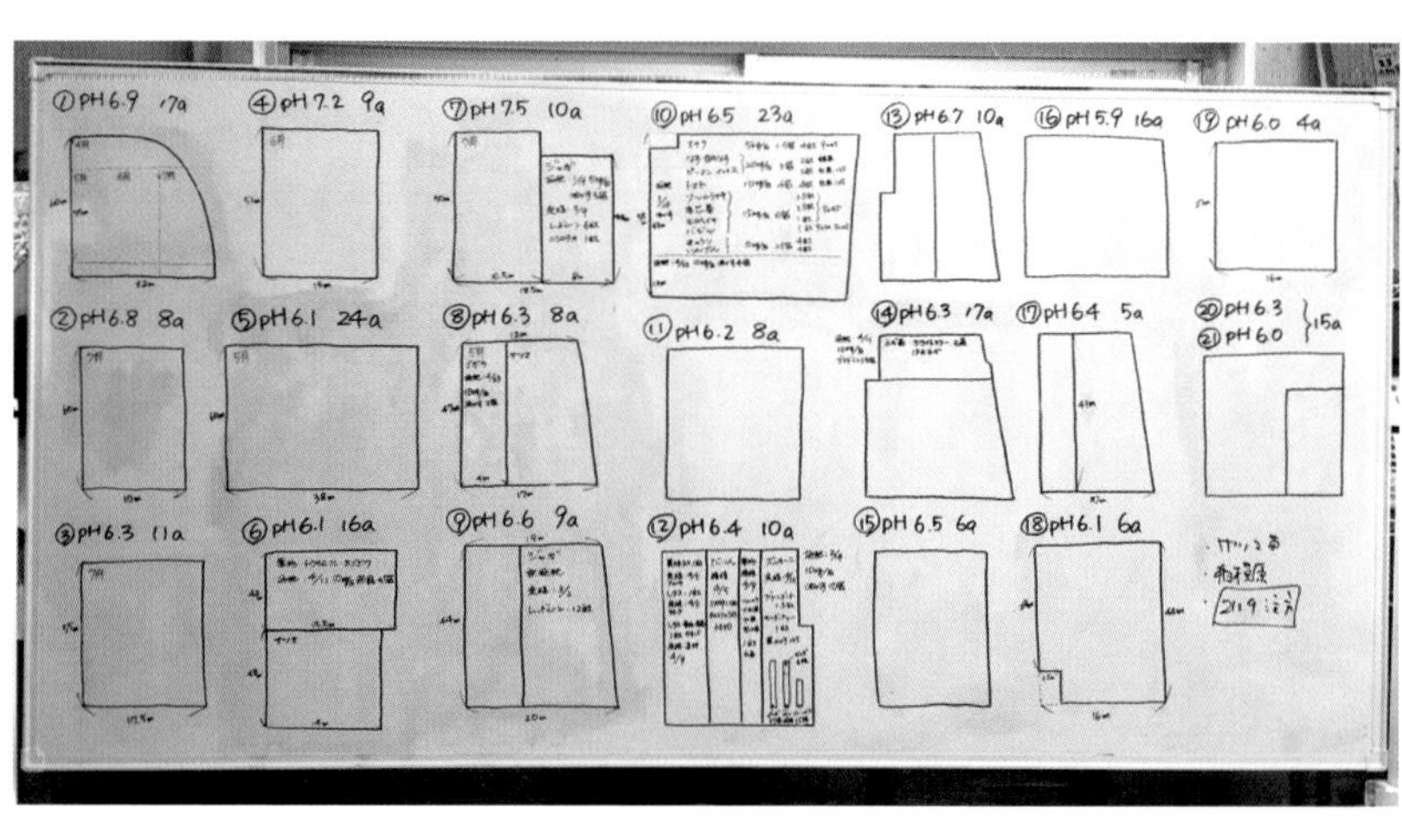

倉庫にあるホワイトボード。圃場の形や面積、pH、次作の予定月、作付け計画が書かれている。いつ、どの畑が空くのかが瞬時にわかる

残る根・葉・茎や雑草さえも炭素源であり、地力へと変換可能な太陽エネルギーの塊と捉えます。それらを土にすき込み、必要なチッソ分を投入することで、土中で微生物が増殖します。堆肥づくりを畑で直接するのです。緑肥や残渣が分解されたのちに作付けされた野菜は、良質な堆肥の上で育ちます。

一穂さんが「畑まるごと堆肥化」を発案された原点は、「畑の中で小さな自然を再現すること」にあります。

木々は自分が生長するための栄養分を自らの落ち葉でつくっています。落ち葉は腐葉土となり、根がその栄養を吸収する。これを助長してくれるのが、動物の糞尿や土の中にいる小さい虫や微生物。炭素は落ち葉、チッソは糞尿や微生物の死骸などです。

先に述べた緑肥による土づくりは、このしくみを畑に置き換えたものです。炭素は緑肥、チッソは米ヌカや油粕というふうに、野山の自然再生力を畑で再現しただけなのです。「野菜は自然が育ててくれる、人ができることはほとんどない」という師匠の言葉が私の土づくりの原点です。

作付け計画を「見える化」

ただし緑肥を使うと、作物の播種や定植までに時間がかかります。そこで大切なのが、作付け計画です。

年間4回のスタッフとの作付けミーティングに加え、その間に何度も何度も現状把握とスケジュール変更を繰り返していきます。空いた場所と時間を「見える化」するために、上のようなホワイトボードを活用します。一枚一枚違う畑の形、長さを描き、圃場番号をふって、面積、pH、次作の開始予定月、作付け予定も書き込みます。

もちろん、すべて計画通りにはいきませんが、計画がないと緑肥も作物も播くことはできません。経営していくのに大切なのは、まずは出荷すること。取引先との調整を踏まえて、播種時期を逆算し、作付け面積と計画を策定します。それを実現するために、ホワイトボードを見ながら、空き予定の場所が少しでもあれば確保し、緑肥を播いて土づくりをしていくのです。

（神奈川県愛川町）

第3章

地力を高める&肥料代を減らす

マメ科でチッソ固定、イネ科で有機物還元

甘いレタスのためにエダマメをつくる鈴木三兄弟の話

静岡市●鈴木貴博さん

鈴木貴博さん。自慢のレタスは9月から定植が始まって、11月～翌5月中旬まで収穫。エダマメは5月末～8月中旬収穫

鈴木三兄弟のレタスは年々評判を上げている。とにかく甘い。苦くない。最高のときは「カキ!?」と思う味だそうだ。野菜にうるさいモスバーガーも冬場のレタスはこれをメインにしてくれてるし、インターネットでは1玉328円の値段をつけて売ってくれる業者もいる。そして気になるのは、「味の秘密はエダマメにあり」というわさだ——。

三兄弟の長男で、㈱鈴生(すずなり)の若社長・32歳の鈴木貴博(よしひろ)さんに話を聞いた（編）。

エダマメの樹を戻してから、人生変わった

ええ、そうなんです。僕はレタスのためにエダマメつくってるんです。もちろんエダマメも売るんですけど、目的はおいしいレタスをつくるため。僕は「レタス命」の人間で、おいしいレタスのためなら何だってしますよ。

10年前に就農したんですが、最初は失敗ばっかりで、経営が上向き始めたのはようやく5年前からです。きっかけは、エダマメの脱莢機を４００万円近くかけて購入したこと。これでレタスがおいしくなった。

「おいしいレタスはガバッと肥料を吸わないから、尻の切り口が細いんです」。同様の理由で、おいしいレタスは直根があまり太くなく、そのぶん細根が広く張っている。ゴボウ根がズドンと太いレタスはあまりおいしくないそうだ

それまでも、レタスの後作にちょっとエダマメをつくってはいたんですが、葉付きで束ねて売っていました。静岡は早出しエダマメの産地で、束ねて出すと結構いいお金になるんですね。だけど、そのエダマメあとにまたレタスをつくると、これがどうも調子が悪い。イネあとの田んぼにつくったレタスより悪い。何でだろうと考えたら、レタスで持ち去り、エダマメで持ち去り……で、畑がどんどん消耗してしまったせいだと気づいたわけです。脱莢機を買ってエダマメをサヤ出荷に変えて、残った樹（茎葉）を畑に戻してみたら、まあ見事にレタスが復活しました。田んぼのレタスより俄然よくなりました。

それからですよ、僕らの成功の人生が少しずつ始まってきたのは……。年々規模を拡大。それまでは田んぼの裏作だけ中途半端に借りたりしてたのをやめて、草だらけの放棄地をどんどん借りました。そのほうが、畑まるごと自分の好きな色に染められるじゃないですか。レタス1・5回転とエダマメという体系で、作付けのべ面積約18町歩、売り上げ9000万円まで来ました。畑作業

エダマメにもかなり自信がある。若竹色なのは、レタスと同様。樹を畑に戻すのはかなり面倒なことではないかと聞くと、「いえ、前日、脱莢機にかけながらコンテナいっぱいにためておいた樹を、畑に行くときに全面に適当に散らすだけ。空いたコンテナにまた収穫して持って帰る。その繰り返しです。慣れればどうってことない」

鈴木三兄弟。右から長男・貴博さん（32）、次男・崇文さん（30）、三男・靖久さん（27）。全員が、家族で経営する㈱鈴生の役員

は僕と弟2人と父のほか、たくさんのパートさんにも来てもらっています。

ムカゴみたいな根粒菌

「エダマメの樹を戻せば畑が治る」って、これは確実です。借りたばかりの畑や、レタスの出来が不満だった畑には集中的にエダマメの樹を戻します。先日も、借りてすぐの元茶畑でつくったら超小玉だったレタスが、エダマメの樹を3畑分ぶち込んだあとだと大玉に化けたのを見て、タイ人の研修生も「エダマメすごい」って洗脳されてました。本当は、どの畑にも毎年エダマメを戻したいんですが、悪い畑にたくさん入れるので足りません。でも2年に1回は確実に戻して畑に散らし、青いうちにすき込むようにしています。

畑の消耗を防ぐためだったら、何もエダマメの樹でなくてもいいのではないかって？　そうですねー。でも僕はまず繊維質のものを入れたいんです。そうしないと土の量が増えない。作物つくると土が減るんですよ。それを補うには、堆肥ならバーク堆肥でないとダメでしょうね……。エダマメでなくても、夏はトウモロコシを栽培し、残渣をすき込むっていう手も考えられます。繊維としてはトウモロコシも悪くはないんですが、エダマメは根粒菌がつくでしょう。そこが違うんです。うちのエダマメ、抜くともう根にはビッシリ。ムカゴみたいに大きいのがついてます。

根粒菌はダイズとかクローバとか、マメ科植物の根に寄生する微生物で、空中チッソを取り込む力があるんですよね（詳しくは52ページ）。おかげでうち

鈴木さんのエダマメの根にはたいがい根粒がついている。「正直なもんで、樹を見て調子悪いなぁと思うものは、抜いてみると根粒少ないです。それから、根粒がたくさんついた畑は間違いなくその後のレタスがよくできます」

レタスのあととエダマメのあとと、年に2回土壌分析する。施肥したものがすべて吸われているかを確認するため。毎回、基準値にははるかに及ばない数値が出る

のエダマメは、施肥チッソゼロでも生育旺盛。収量も結構上がりますよ。

さっき「レタスのためにエダマメつくってる」って言ったけど、本当はエダマメだって僕はかなりこだわってます。最高のものつくってるつもりだから、サヤをはずした樹だって最高なはず。これを捨てるなんてもったいないから畑に入れるんです。

エダマメの体は根粒菌が一生懸命集めたチッソのかたまりですからね。

おいしい野菜は淡い緑

冬作のレタスって肥料が効きにくいから、大玉にするのが難しいんです。特に、僕の場合は半分以上を有機で施肥する特別栽培だから、元肥で入れても肥効が出にくい。エダマメの樹や雑草由来の有機チッソも、直接ではなくてもレタスを大きくしてくれてると思いますね。

うちのはレタスもエダマメも、緑の色が淡い。草の色です。土に過剰な施肥チッソがなくて、草と同じように育ったからです。細胞が緻密で、体内に硝酸が残ってない。だからおいしい。それに、こういう作物には病害虫も寄りません。実際、殺菌剤はゼロで何年もやってます。

根粒菌のチッソはきっと、チッソ肥料のチッソとはちょっと違うんじゃないですかね。エダマメの淡い緑色を見てるとそう思います。自然の循環を逸脱しないチッソっていうか……。うん、そういう農業をやっていきたいっていうのが僕の信念でもあります。

連作障害は微生物欠乏!?

根粒菌って唯一、目に見える微生物じゃないですか。エダマメの根を抜くたびにビッシリついてるのが見えて「菌がどんどん成長できる畑になったんだなぁ」って快感ですね。きっと他の微生物もたくさんいるってことだと思う。土壌消毒剤も除草剤も使わないできたおかげですよ。

よく連作障害でレタスができなくなってる産地の話も聞きますけど、微量要素欠乏とか、もっといえば微生物欠乏なんじゃないかなあ。うちはまだ歴史が浅いから何も言えないけど、このやり方でやっていけば、この先もきっと大丈夫なんじゃないかなあと思ったりしてるんです。

根粒菌がチッソを固定するしくみ

まとめ・編集部

「根粒菌はチッソを固定する」と一言でいうが、マメ科の根に入り込んでチッソを固定するまでには巧妙なしくみがある。マメ科作物は、根粒菌に糖などのエサを分けてやりながら、たくさんの空気中のチッソを肥料にしてもらっているのだ（ダイズの場合、最大で45kg/10aともいわれる）。

根粒菌の侵入のしかた

なんと、相手と交信して互いを確かめ合ってから侵入するんだそうだ

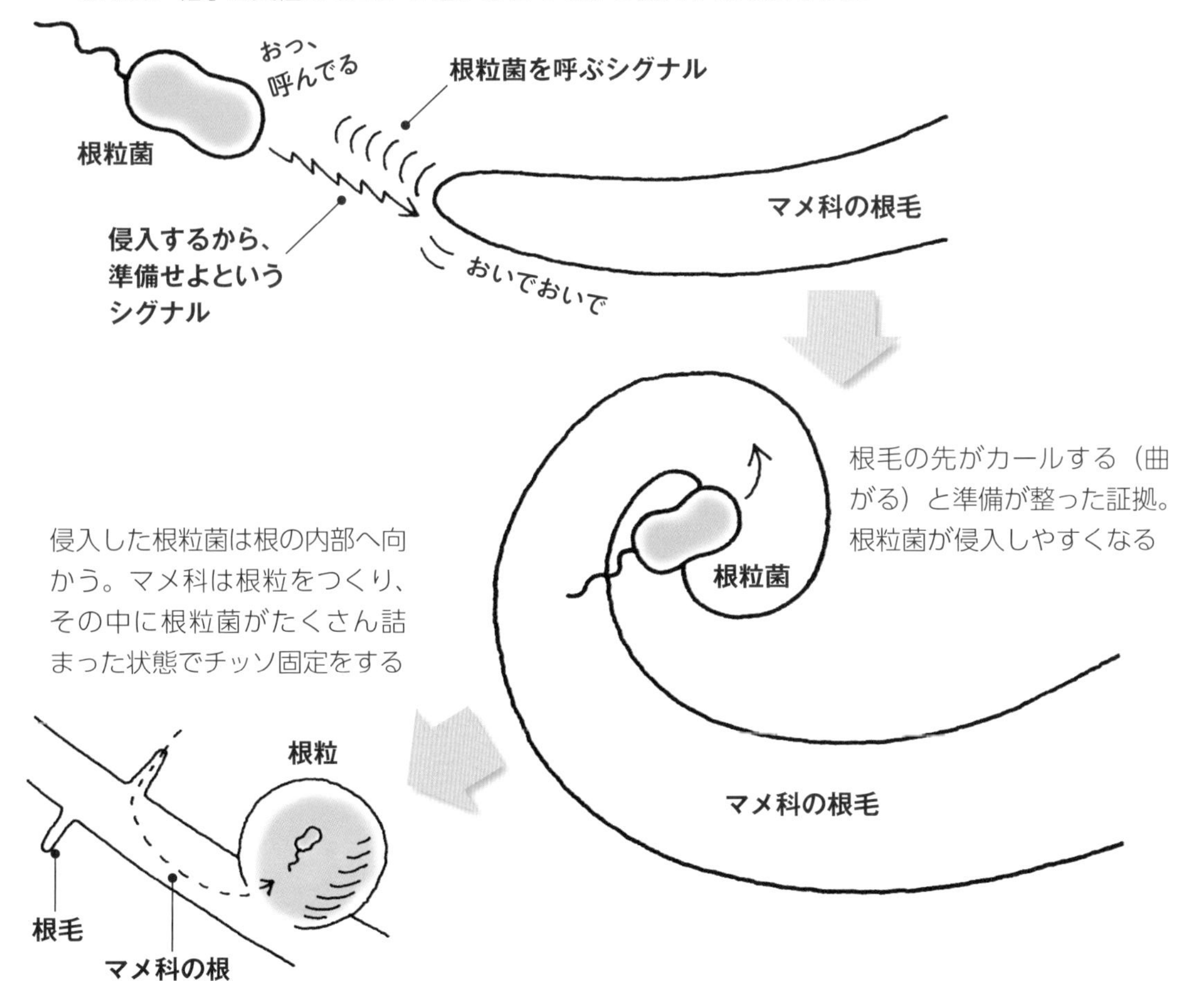

参考：「根粒菌とマメ科作物の相互作用」東北大学：南澤 究
http://www.ige.tohoku.ac.jp/chiken/research/image/Interaction.pdf

根粒菌とマメ科の共生チッソ固定のしくみ

マメ科作物は、エサを与えて根粒菌を飼い慣らしながら、固定チッソを横取りしているようなもの

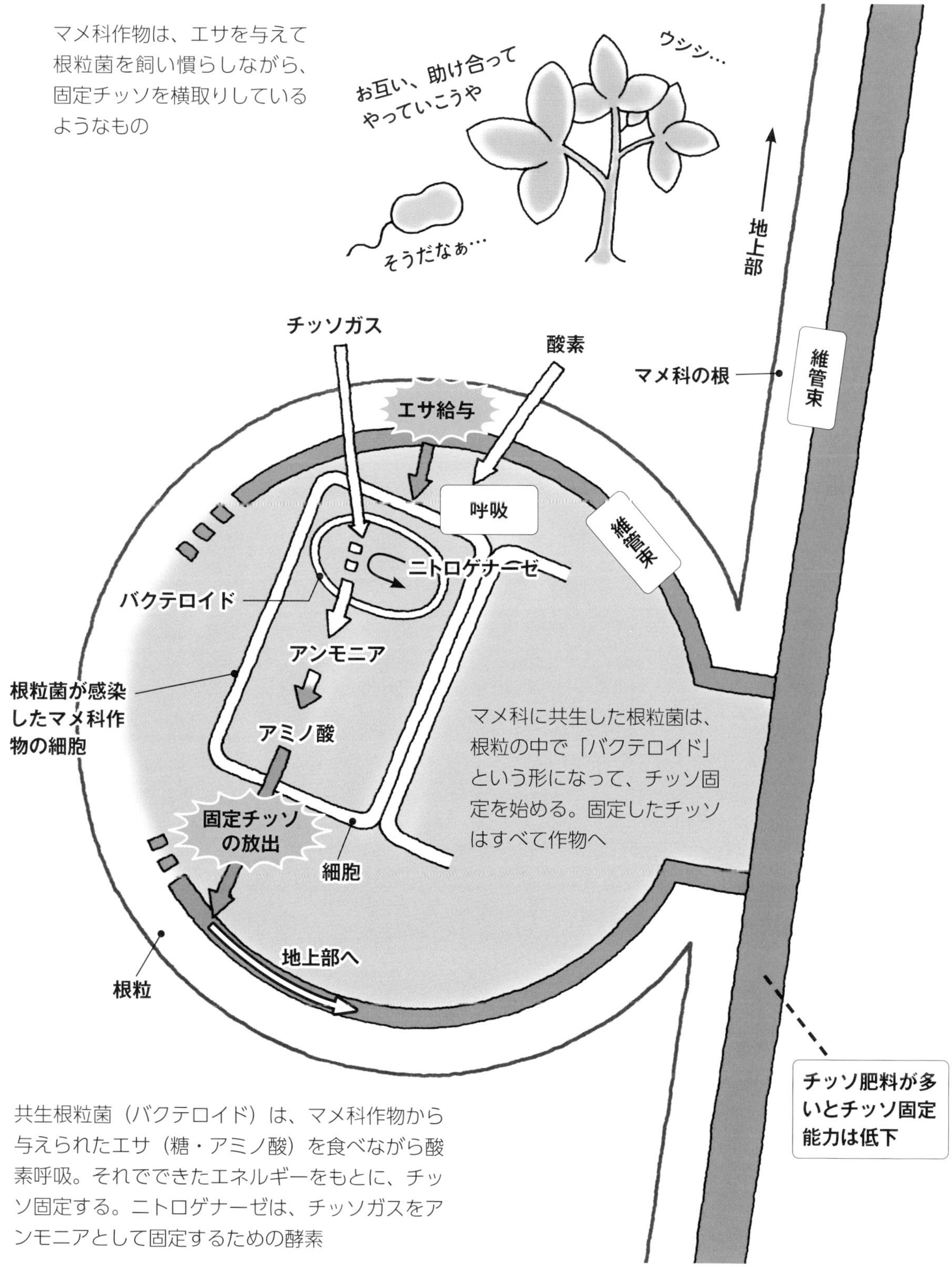

共生根粒菌（バクテロイド）は、マメ科作物から与えられたエサ（糖・アミノ酸）を食べながら酸素呼吸。それでできたエネルギーをもとに、チッソ固定する。ニトロゲナーゼは、チッソガスをアンモニアとして固定するための酵素

イネ科で物理性と生物性アップ
無施肥栽培も

神奈川●内田達也

有機物還元にはイネ科緑肥

こんにちは、内田達也です。神奈川県平塚市と大磯町で、オーガニック農場の㈱いかすを営んでいます。現在6・5haほぼすべての畑で、夏場はソルゴー、春や秋冬はエンバクというようにイネ科の緑肥を使ってナスやニンジンなどの多品目を栽培しています。

新規就農者にとって、地域の優良農地を借りられることは稀で、基本は条件の悪い耕作放棄地などが多くなります。僕たちが平塚市で農業に参入した際も、10年近く放置された畑1haの開墾から始まりました。そうした土地の土壌を最短で育て、生産を安定させて、収益を上げるために欠かせないのが、緑肥です。

よく、「ここはいい土だな〜」とか言いますが、よい土壌とは地力が高い土壌のことであり、地力とは「総合的な土壌の生産力」と定義されています。物理性、生物性、化学性の三要素がいずれも良好な土壌が地力の高い土といえます（57ページ図表）。

僕たちの場合、この三要素のうち物理性と生物性は、主に緑肥と堆肥で改善しています。

現在使っている緑肥は、主にイネ科の仲間です。春夏はエンバク、ソルゴー、大麦、秋冬にはエンバク、ライムギが中心になります。

以前はマメ科緑肥も使っていましたが、チッソの供給目的なら、地域内で良質な堆肥や有機質肥料が手に入ります。それに、イネ科緑肥のほうが有機物を土壌に多く還元できるため、物理性や生物性を早く改善でき、うまく使うとマメ科緑肥よりも食味が向上する気がします。

ソルゴーの有無で比較実験

長年使っている緑肥ですが、最近になって物理性の改善効果が目に見えてわかる機会がありました。

筆者と、開墾1年目の圃場のソルゴー「つちたろう」（雪印）。極晩生で、草丈3mまで育っても出穂しない（依田賢吾撮影、以下Yも）

ダイコン畑での実験

同じ畑の中に、ソルゴーの作付け区と作付けなし区を設けて比較した。

地下80cmにあった土塊。ソルゴーの根がつくった穴を通り、ダイコンの根が伸びている

ダイコン収穫後の5月。カチコチで踏み込めない（写真・倉持正実、下も）

土がやわらかく、グッと踏み込むと土が沈む

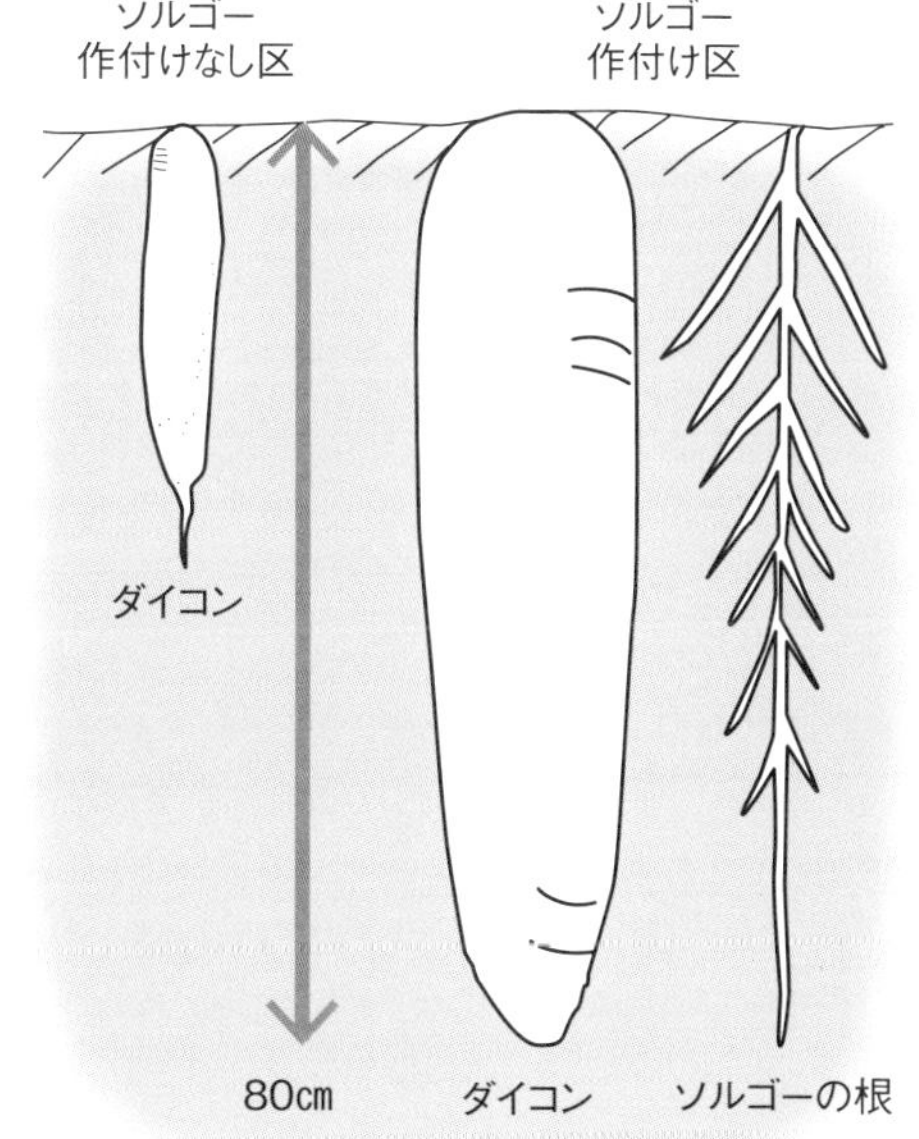

3年前、それまで長い間作付けせず、草が生える前に耕起、生える前に耕起……という管理を繰り返していた畑を借りました。有機物の還元がないために土壌の単粒化が進み、非常にかたく締まって、土壌診断のために表層10cmを採土するのも苦労するという有様でした。

緑肥の効果実証にはちょうどいいと考え、大学の研究者に協力していただき、比較試験を実施しました。全面に植物性の堆肥を散布したあと、ソルゴーを2・5～3mまで育てて8月にすき込み、9月にダイコンを播種。圃場の一部にソルゴーを作付けない区画も作り、作付けの有無で土壌断面や収量を比較しました。

地下80cmにダイコンの根っこ！

作付け区では、それまでかたかった土壌にもかかわらず、ダイコン「耐病総太り」などが大きく育ち、根長も長いものがとれました。対照的に、作付けなし区のダイコンは、地上部が小さく根長も短く、売りものになりませんでした。

筆者の緑肥利用の例

緑肥すき込み後、最低でも30日は分解期間を置く（すき込み時のC/N比、気温などによっても調整）

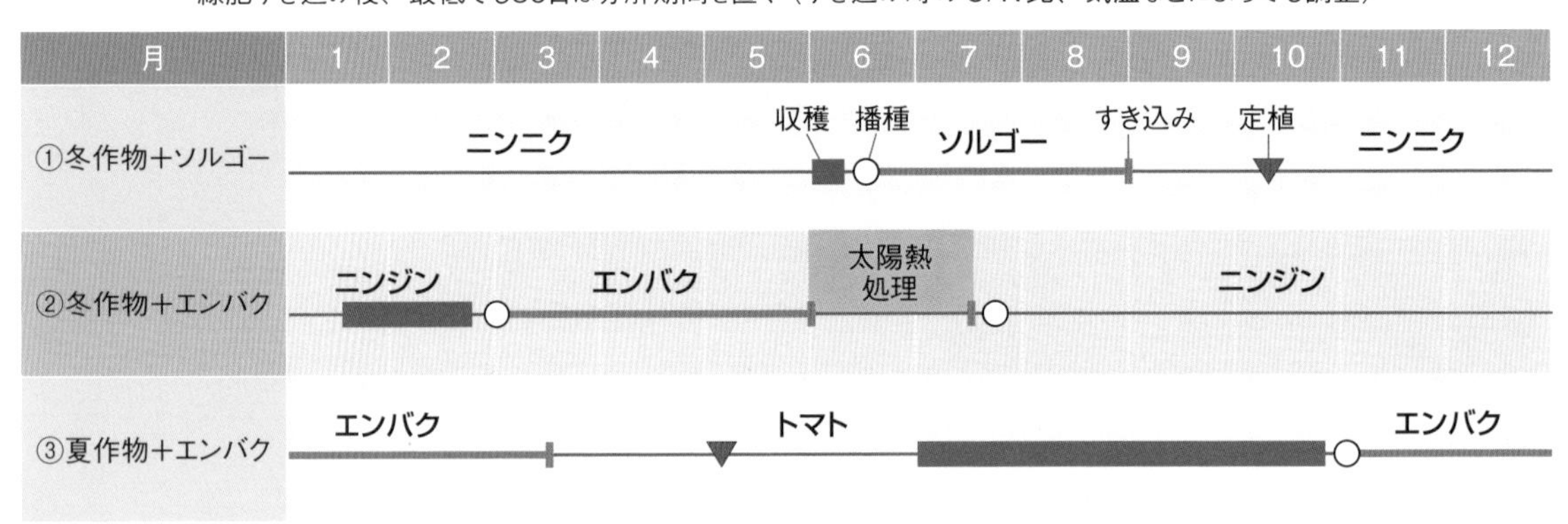

土壌断面を調査すると、作付け区では地下80㎝のかたい下層土までソルゴーの根が伸びており、その周りにできた孔隙に沿う形で、後作のダイコンの根も地下80㎝まで伸びてきていました（55ページ写真）。

ソルゴーは、トラクタでは決して起こすことのできない80～100㎝の下層に根を伸長。土がほぐされ、周囲の土の団粒化も進んでいきます。こうして、たった1作の緑肥栽培でも、後作の作物が非常によく育つのだとわかりました。

冬作物とソルゴーの組み合わせ

現在、ソルゴーの品種は「つちたろう」を使っています。有機物の生産量が多いこと、各種センチュウに対して効果があること、出穂が遅く大きくなってもやわらかくすき込みやすいことなどが理由です。組み合わせる主な作物は次ページの通り。これらはどれもソルゴーとセットで、年に1作つくる連作体系です。

冬～春に化学性を診断・改良、堆肥や有機質肥料を散布して、春～初夏にソルゴーを播種。肥料効果をねらうのではなく、栄養腐植を増やしていくため、草丈2～3mと意図的に大きく育てます。これをフレールモアで細断し、分解促進のため堆肥や有機質肥料（米ヌカ、ボカシ肥など）を10a当たりチッソ5kgほど散布してロータリですき込みます（58ページ）。

エンバク＆太陽熱処理で無施肥栽培

秋冬ニンジンやダイコンの前、3月にはエンバクの「ヘイオーツ」を播種します。キタネグサレセンチュウを予防し、有機物生産量が多いため、この品種を使っています。

6月ころ、出穂が始まるころまで栽培して炭素率を上げ、遅くとも乳熟期手前にはフレールモアで細かく粉砕してすき込みます。有機質肥料などを10a当たり5kgほど散布し、透明ポリマルチを用いた太陽熱処理（陽熱プラス）を施して、ニンジンやダイコンを作付けます。これも毎年、作型固定の連作です。

ニンジンやダイコンは、これだけでかなりの良品が生産できます。何年か

ニンジンの収穫。緑肥3年目ころになると地力が上がり、エンバクと太陽熱処理のみで良品がとれる

ニンジン圃場で、乳熟期直前のヘイオーツを細断

土壌の性質を表わす三要素

＊三要素は互いに大きく関わり合っている

物理性
作土の深さや透水性、通気性など

緑肥や堆肥で改善

苦土石灰の散布などで調整

生物性
有機物の分解能力、微生物の量など

化学性
土壌pH、土壌中の養分など

主に使用する緑肥と作目

以前はセスバニア、クロタラリア、ヘアリーベッチなどのマメ科緑肥を使ったこともある

緑肥	目的	使う作目
ソルゴー	地力アップ 肥料効果	コマツナ・チンゲンサイ・ホウレンソウ・カブ・キャベツ・ブロッコリー・カリフラワー・ニンニク・タマネギ
	風に対する障壁	夏の果菜類（トマト・ナス・ピーマン・キュウリ・オクラなど）
エンバク	地力アップ 肥料効果	ダイコン・ニンジン・サツマイモ・夏の果菜類（トマト・ナス・ピーマン・キュウリ・オクラなど）
	カバープランツ	夏の果菜類（トマト・ナス・ピーマン・キュウリ・オクラなど）
	バンカープランツ	冬の果菜類（エンドウ、ソラマメ）
マルチムギ（大麦）	リビングマルチ・バンカープランツ	カボチャ・ズッキーニ・サツマイモ

緑肥の細断とすき込み

フレールモア（ハンマーナイフ式）で細断（Y）

1回目の耕起

表層10㎝ほどの浅起こし。好気的な環境をつくり、好気性微生物による発酵を促す。この際、有機質肥料などを混ぜることも多い。

10日～2週間後

2回目以降の耕起

耕耘土層（15㎝に設定）にすき込んでいく。緑肥の大きさにもよるが、30～40日の間に3～4回耕耘し、分解を進めてから次の作物を作付ける。積算温度で900～1200℃が分解にかかる目安。

＊緑肥を数年間栽培すると、それを分解する微生物が殖えるためか、すき込み後スムーズに分解され、初年度より早い段階で土化するようになる。

＊すき込んだ直後は発酵臭がするが、落ち着くと放線菌のニオイとなる。

すき込んだ緑肥の根の周囲を囲むように、団粒構造が形成されている（Y）

繰り返すうちに土壌中の地力チッソも増え、4年目くらいからは、エンバクと太陽熱発酵処理だけの無施肥栽培が可能となりました。

エンバクには、果菜類が終わったあとの11月中に播種して翌年3月初旬にすき込み、また夏野菜につなげていく利用法もあります。残肥の回収、冬場の有機物生産、センチュウ予防……と、いろいろなメリットがあり、次の栽培が容易になります。

緑肥のシーズン2回作付けも

僕たちが緑肥を使う目的は、土壌炭素や栄養腐植を増やすこと。そのため、比較的大きく育ててC／N比を上げ、チッソ源を加えてすき込んでいます。温暖な湘南地域では、分解のための温度も比較的容易に確保できますが、寒冷地など地域によっては、あまり大きく育てずすき込んだほうが肥効も出やすく、スムーズにいくケースもあると思います。

作業の手間は少し増えますが、同じ期間内での「2回作付け」もオススメです。5月にソルゴーを播き、1・5

ｍくらいに育ったらすき込んで、30〜40日分解期間をおいてもう一度播種。今度は1ｍ未満ですき込んで次作につなげます。こうすると、多くの有機物を入れられることはもちろん、C／N比が30未満のうちにすき込むので、次作の作物が使いやすい養分も供給できます。

栄養価の高い野菜ができる

シンプルな緑肥栽培でつくった作物は、形も美しく食味がよく、栄養価も高い！　開墾後1作目のナスがオーガニックエコフェスタ（栄養価の全国コンテスト）で優秀賞、2作目のカブが最優秀賞、4作目のキャベツが最優秀賞と、短期間でも良質な作物が育っています。

現在、ＳＤＧｓやカーボンニュートラルなど、持続可能な暮らしを実現しようとする動きが世界的に盛んです。農水省も「みどりの食料システム戦略」を掲げ、2050年までに有機農業の割合を25％にすることや、土壌への炭素貯留の推進などを打ち出しています。さらに、世界的な肥料の高騰からも、今後は堆肥や緑肥を活用した、資源を循環させる農業が重要になると思います。

より高い精度で緑肥を利用するために、継続的な土壌診断でチッソなどの養分動態を把握しながら、再現性の高い技術を磨いていきたいと考えています。

（神奈川県平塚市）

土壌の診断と改善のイメージ

借りた畑では、主に物理性と化学性を診断する。まず、畑の植生のムラなどを見ながら、数カ所をスコップで深さ70〜80㎝まで掘り、土層や土質、耕盤の有無や雑草の根張りなどの物理性を確認。化学性としてはpHや硝酸態チッソ、アンモニア態チッソなどを測定。借りたばかりの放棄地では、硝酸態、アンモニア態チッソがいずれもゼロのことが多い。この場合、植物性の堆肥を2〜4t/10a散布し、その後緑肥を育てる。

ソルゴーで炭素蓄積

10a当たりソルゴーのタネを5㎏播種し、草丈2.2ｍ時点で地上部乾物重1.3t分土壌に入れると、1年後には150㎏の炭素を蓄積できる（農研機構のデータ）。これは1.4tの牛糞堆肥をすき込んだ場合と同じ量。

地力チッソも増えていた

神奈川県農業技術センターと共同で調べたところ、ソルゴーやエンバクなどの緑肥や堆肥を組み合わせた栽培を数年続けていくと、年々地力チッソ（可給態チッソ）が増えていくことがわかった。4㎎/100gを超えると、減肥可能だと判断できる。2022年収穫のハクサイ圃場では、地力チッソが高く8割減肥したがちゃんと結球した。

ダイズ緑肥で高品質小麦を2倍とる

岩手●アグリパーク舞川　小野正一さん

約40町で県平均の倍の収量

「もう10年くらいやってるから、これはいいものだ、ということはハッキリしてます」と小野正一さんが太鼓判を押すのは、小麦に使うダイズ緑肥。マメをとったあとの残渣ではない。「エダマメの手前くらい」の青々と茂ったものを、小麦の播種前にすき込むのだ。

当初は「マメは食うもんだ。すき込むなんてもったいない！」などさんざんに言われた。でもできた小麦を見るにつけ、だんだんと周囲の目も変わってきた。なにせ収量は400kg以上（ゆきちから）と県平均の約2倍。品質もタンパク質12〜13％で「ここらでもこんないいムギがとれるんだ」とパン屋さんなどに驚かれるくらい。しかも小野さん個人の話でなく、農事組合法人・アグリパーク舞川の約40町ものムギの話だ。

ダイズ緑肥は小麦と相性ピッタリ

小麦は連作するほど地力が落ちる。指導では「堆肥を入れて地力の維持を」と言われるが、何十町歩もの面積になると堆肥を確保するだけでもたいへんだし、散布するのもかなりの手間。そこで代わりに夏場に緑肥をつくって有機物を補おうということになった。様々な種類を検討したが、もっとも小麦と相性がよかったのが若いダイズだったというわけだ。

ダイズは、ソルゴーやヒマワリほどのガサにはならないのですき込むのがラク。だが夏場の生長は早いから、小麦の刈り取り後、ゆっくり準備をして7月下旬に播いても1カ月もすれば圃場を覆いつくすまでに生長、次の小麦を播種する10月までには十分余裕をもってすき込めるというわけだ。

「堆肥の代わり」以上のメリット

実際にダイズを緑肥にしてみると、堆肥の代わり以上に大きなメリットが

「エダマメの直前」になった緑肥ダイズをプラウですき込む

アグリパーク舞川でのダイズ緑肥の使い方

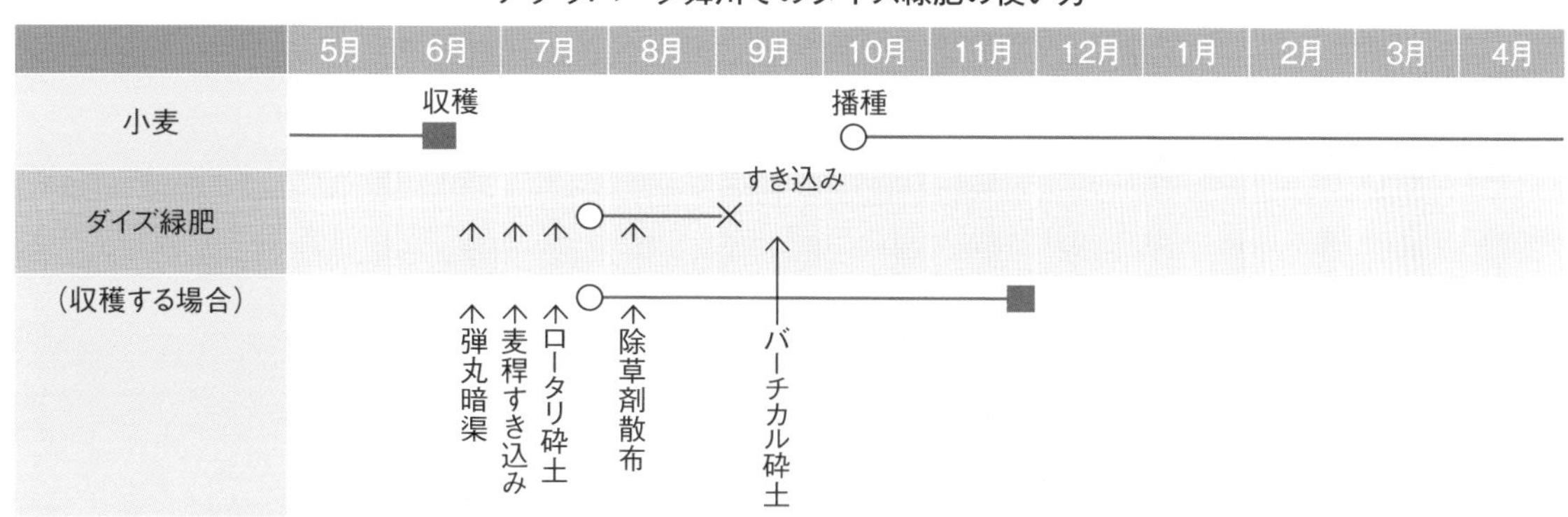

小麦の品種は、ゆきちからとナンブコムギ、ダイズは、ナンブシロメとリュウホウ。
すき込みは小麦播種の2週間前までに行ない、小麦の播種機にからまったりしない程度まで分解を進める。またちょうどそのころ「エダマメの直前」状態にするため、ダイズの播種は、7月25 ～ 30日に集中して行なう。ダイズ緑肥1年目なら草も少ないので除草剤散布はいらない

あった。

（1）排水性がよくなる

▼幹の形に穴が残る

ダイズを土にすき込むと、ゆっくり分解する幹の形に沿って直径2～3㎜の穴が残り、表土の水はどんどん下に落ちるようになる。「明渠もいらない」ほど排水性がいいので、小麦に湿害がほとんど出なくなった。

緑肥ダイズあとの小麦畑に立つアグリパーク舞川の面々（左から3人目が小野正一さん）。今や年間600人もの視察者が訪れ、ダイズ緑肥に取り組む人も続々と出てきている

（2）生長に合わせて効く肥料になる

▼チッソ分が逃げない

たくさんの根粒菌がついてチッソ固定するダイズは、小野さん曰く「チッソそのもの」。しかもすき込んだチッソ分は、化学肥料と違って雨で流れたり揮発してしまう分が少なく、まるで「土に入り込んでいく」ように留まることが、土壌診断の結果見えてきた。そして越冬後、平均気温が6～7℃になると効き始め、登熟期間までジワジワと効き続ける。

だからアグリパーク舞川では収量が多いにもかかわらず、使う肥料は元肥・融雪期の追肥ともに県の指導よりチッソ分で1～2kg少ない（62ページ表）。

元肥の化学肥料は、年内にある程度の茎数を確保できるだけのチッソ分があれば十分。普通は越冬中の小麦の活力を保つネライもあってやや多めに肥料を入れるが、小野さんの感覚で

は「ほとんど流れてしまうから意味がない」。でもダイズ緑肥をすき込めば、投入する肥料は少なくても効くチッソはいつでも土の中にある。

▼ムダなく効くから縞萎縮病にも強い

また通常の融雪期の追肥の目的は、岩手の厳しい寒さを越した小麦の芽が、いよいよ動き始めるのを助けること。でも実際には春先の不安定な天気の下、小麦が欲するちょうどいいタイミングで追肥することは難しい。しかも寒さで小麦の根っこが傷んだ状態で肥料を多めに入れてしまうと縞萎縮病にかかりやすく、ひどいと圃場の半分くらい枯れてしまうこともある。

その点ダイズ緑肥なら、暖かくなってから動きだす小麦の生長に合わせてチッソが効いてくるのでムダがない。肥料は気持ち振る程度か、場合によっては振らなくていいことも。だから縞萎縮病にかかるリスクも少ないし、かかってもやがて回復するので被害はほとんどないという。

秋播き小麦（ゆきちから）の施肥量（kg /10a）

	チッソ				リン酸	カリ
	播種時	融雪期	減分期	穂揃期	播種時	播種時
アグリパーク舞川	3～5	0～1	2	4	10	10
岩手県の栽培指針	4～6	2	2	4	15	10

播種時はオール10の緩効性肥料の側条施肥、ほかは塩安か硫安を使用

ダイズは無肥料でいい

そんなアグリパーク舞川のダイズ緑肥の使い方は61ページの図の通り。

播種量は十分な有機物を確保するために8kg程度（条間30cmのドリル播き）。あとは除草剤だけ1回振れば、夏場の暑い時期なので無肥料でもグングン育つ。

すき込むタイミングは、「エダマメの直前」くらいの大きさがベスト。もっと大きくなってしまうとプラウでうまく反転できないし、小さいと緑肥としての効果が落ちる。

注意点としては、やはり排水対策。麦稈をすき込むので排水性はさほど悪くないが、それでもダイズの播種前にはちゃんと弾丸暗渠を入れたほうがいい。

放っておけばマメも収穫できる

じつはダイズ緑肥のメリットは、小麦栽培以外にもある。すき込まずに放っておくと、慣行栽培に勝るとも劣らないほどダイズのマメをとることもできるのだ。

普通は舞川地区でのダイズの播種時期は6月上旬。だから緑肥を始めた当初は、7月下旬播種のダイズでは収穫できるわけがないと思っていた。ところが密植・遅播きにして一気に育った結果、収量・品質ともにいい子実が収穫できた。以来この方法を「遅播き狭畦密植栽培」という技術として確立。小麦とダイズの2年3作という選択肢ができたことで、経営の幅も広がった。

ヘアリーベッチ緑肥はダイズ増収の常識になりつつある

秋田県大潟村●有機稲作研究所会員のみなさん

ハンマーナイフロータリーによるヘアリーベッチの細断作業（写真・米倉賢一、＊も）

ヘアリーベッチ（＊）

無肥料・無農薬で240kg、一等比率70％以上

ダイズを緑肥にする人がいれば、ダイズのために別のマメ科緑肥を使う人もいる。今、全国各地の転作ダイズの産地で静かなブームになっているのが、ヘアリーベッチ緑肥だ。

10年ほど前からいち早くヘアリーベッチ緑肥を導入した白戸昭一さんや山崎政弘さんらのいる秋田県大潟村でも、特に昨年以降、ヘアリーベッチのタネがかなり売れているらしい。

ブームの背景にあるのは、やはり資材高騰。というのも白戸さん・山崎さんともに、ダイズにはヘアリーベッチ緑肥以外に肥料はいっさい使わない。農薬だって使わない。にもかかわらず収量は240kgを超え、一等比率も70％以上。平均収量約180kg、一等比率は20％にもなかなか届かない大潟村の中にあって、抜群にいいダイズをつくっているのだ。

ひっくり返った常識

（1）重粘土がフカフカ土に

ヘアリーベッチを使う以前は、2人のダイズも今とはぜんぜん違った。そもそも干拓地の大潟村の土は、「濡れるとネロッとして、乾くとガチガチ」になるヘドロ状の重粘土。播種前にいくら耕しても砕土率が悪くて発芽ムラはできるし、湿害・干ばつの影響も受けやすい。

そんな圃場ではダイズの根粒菌もつきにくいから、どうしても生育が悪くなる。高価な有機質肥料をふんだんに使っても、収量はやっぱり180kg程度。「ダイズは肥料食うもんだ」というのが、ダイズ栽培数十年の経験で学んだ常識になっていた。

ところがヘアリーベッチ緑肥を使ってみたら、そんな常識がひっくり返った。

まず圃場の状態がガラリと変わった。ヘアリーベッチは「すき込むときは飛沫が飛ぶ」ほどグングン水分を吸い上

げるため圃場が乾き、根っこもビッシリ張るので土が畑のようにフカフカに。砕土率がいいからダイズの発芽が揃い、湿害や干ばつにも強くなった。

(2) 圃場が肥料の生産工場に

そしてヘアリーベッチには空中チッソを固定する根粒菌がつくので「圃場自体が肥料の生産工場になる」。かつ圃場状態がよくなるためかダイズ自体にも根粒菌がいっぱいつくので、肥料をまったく入れなくてもダイズは順調に生育。登熟期間までしっかり効くから「大粒がドーンと多い」。結果的に「ヘアリーベッチさえ育てば、肥料はいらない」と思えるようになったのだ。

左から畠山清さん、山崎政弘さん、白戸浩栄さん・昭一さん親子。いずれも有機稲作研究所の会員で有機JAS認証ダイズの生産に取り組む

(3) 除草剤なしでも問題ない

さらに嬉しいメリットもあった。雑草が少なくなることだ。ただでさえダイズの生育の悪い大潟村の圃場では、放っておけばダイズだか雑草だかわからないような状態になってしまう。だから有機栽培でもない限り、除草剤は欠かせなかった。

一昨年からヘアリーベッチを使い始めた畠山清さんも、以前は普通に除草剤を使っていた。でもヘアリーベッチを使い始めたら、除草剤なしでも草が抑えられるようになってしまった。

ヘアリーベッチは、ほかの草の発生を抑制するシアナミドというアレロパシー（他感作用）物質を出す。その効果なのか、草がまったく生えなくなるわけではないものの、明らかに「出てくるのが遅くなる」。また圃場の排水性もいいからちょうどいいタイミングでカルチに入れる。さらにダイズの生育もいいから畑がすぐに覆われる。3段階の効果の結果、除草剤なしでも雑草はほとんど問題にならなくなったというわけだ。

根粒菌がつくヘアリーベッチになれば成功

今や「ダイズの失敗はない」というみなさん。ただし「ヘアリーベッチの失敗はある」。いかにヘアリーベッチをちゃんと育てられるかが、ダイズ栽培を左右するのだ。

鍵を握るのは、ヘアリーベッチに根粒菌がつくかどうか。根粒菌がちゃんとついたヘアリーベッチは、越冬前から葉っぱの青い「青ベッチ」になって地面を這うように育ち、春になると一気に茂る。

でも根粒菌のつきが悪いヘアリーベッチは、葉っぱが赤くてヒョロッと突っ立った「赤ベッチ」になり、越冬中に枯れるか、生き残っても生育が極端に悪くなってしまう。

▼排水対策はとにかく徹底

根粒菌がよくつき、ヘアリーベッチが育ちやすい圃場にはいくつかの条件

がある。

　もっとも肝心なことは排水性。排水性の悪い圃場では、どんな対策を打っても根粒菌はつきにくく、「赤ベッチ」になりやすい。かつて排水不良で失敗した経験のある山崎さんは、以来10ｍごとの本暗渠に加えて越冬前に弾丸暗渠とモミガラ入り補助暗渠も通すなど徹底した排水対策を行なっている。

　ただでさえ大潟村の重粘土圃場の排水性は、全国でも最悪の部類。排水対策は、いくらやってもやりすぎるということはないのだ。

▼2回目以降は育てやすい

　またもともと土の中にいる根粒菌の量と種類も関係してくる。実践者のみなさんが口を揃えて言うのは、「一度ヘアリーベッチを育てたことがあるところは、根粒菌がつきやすい」。たとえ3～4年水田に戻していたとしても、初めての圃場よりは断然根粒菌がよくつき、ヘアリーベッチも育ちやすいという。

　そこで初年度から根粒菌のつきをよくするため、大潟村では培養した根粒菌をヘアリーベッチのタネにまぶして播く方法も一般化している。

　でもみなさんの経験によれば、これも毎年やる必要はなく、次回は普通のタネでも根粒菌はよくつくらしい。

かかるコストはタネ代くらい

　以上の条件を考えたうえでの作業の流れは次ページの図の通り。越冬前にちゃんと「青ベッチ」になれば、あとは「見てるだけでいい」。もちろんヘアリーベッチに対しては、施肥も防除も必要ない。

　5月末ころ、パッと圃場を見たときの群落草高で30～40㎝くらいになった状態ですき込めばチッソ分にして15㎏

3月はじめの秋播きヘアリーベッチはまだこれくらいの大きさ

抜いてみると…

根っこには根粒菌がポツポツ見える。「この時期にこれだけついていればまず大丈夫」。気温が上がるにつれて一気に大きくなり、5月には田んぼを覆うほどになる

大潟村でのヘアリーベッチ緑肥の使い方

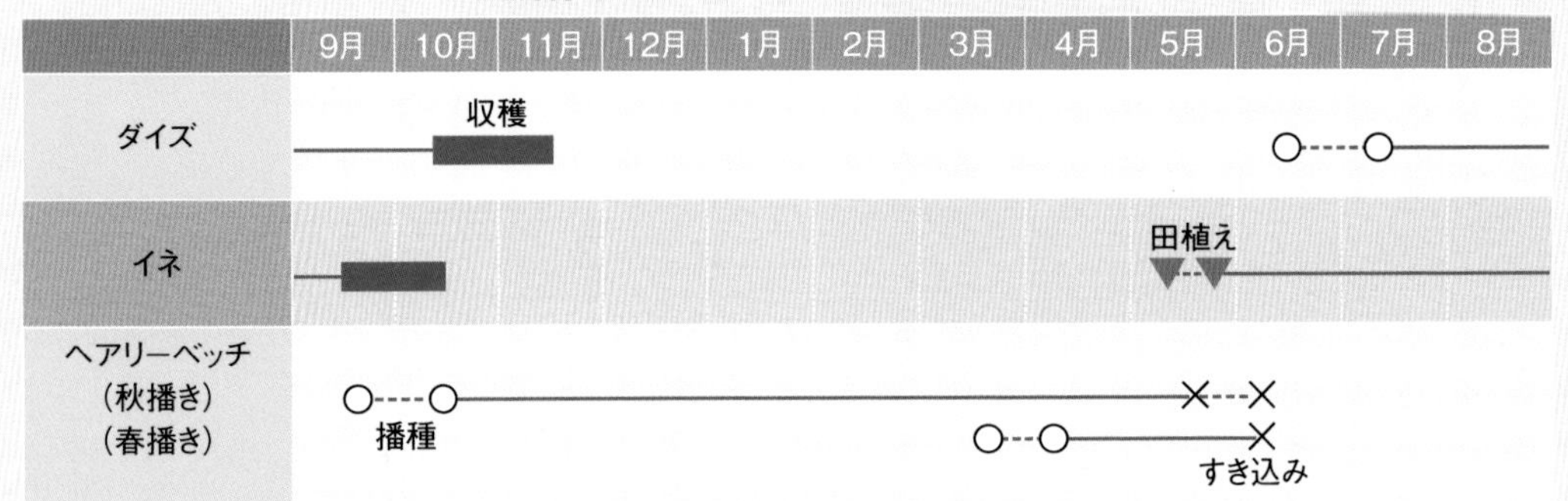

ダイズ栽培は基本的に3～4年に一作なので、ヘアリーベッチはイネ刈り前後の秋播きにし、できるだけ越冬前の生育を確保したほうが春先の生育が順調になる。

ただしダイズを連作する場合は、ダイズ収穫後の播種では遅すぎるし、立毛中では日の当たらない期間が長すぎて発芽後の生育が悪くなるため、春播きにする。

品種は秋播きの場合は「寒太郎」(雪印　タネ代は1340円/kg程度)、春播きの場合は「藤えもん」(雪印　1300円/kg程度)がいい。

播種量は5kgが基準。でも一度ヘアリーベッチを育てたことがある圃場での秋播きなら3～4kgでも大丈夫。

秋播きの場合、播種の仕方は、作業の段取りや田んぼの状態によって人それぞれだが、

- イネ刈り直後に動散で播き、バーチカルハローや代かきハローで浅く起こして覆土する。
- イネ刈り前に動散か無人ヘリで播いてしまい、収穫の際に出る切りワラを覆土代わりにする。

などの方法がある。

すき込みは、ダイズの播種直前でも発芽には特に影響ない。

群落草高で30cmくらいまでならロータリでもすき込めるが、大きくなるとからまりやすくなり作業性が落ちる。まずはストローチョッパーやフレールモアで地上部を細断してからロータリをかけたほうが無難。

すき込み深さは7～8cmでも播種作業に問題はない。

その他の地域でのヘアリーベッチ緑肥の使い方について、詳しくは有機稲作研究所(TEL 090-1237-6192)までお問い合わせを。

くらいになるので、ダイズは無肥料でも十分いける。

逆に大事をとってすき込みを遅らせ、ヘアリーベッチを大きくしすぎてしまった畠山さんの圃場では、チッソ分が多くなりすぎたのか、一部のダイズがつるボケしてしまったこともあるという。「これからはヘアリーベッチの生育量を見てダイズの播種量やウネ間も考えたほうがいいかもしれない」と思っている。

「肥料が高騰してる今、ヘアリーベッチはすごく活用できるよ」という大潟村のみなさん。無肥料・無農薬「かかるコストはタネ代くらい」でダイズの収量も品質も上がり、雑草対策にもなる。そのうえ有機栽培ダイズとして販売すれば、普通に出荷するよりも1俵6000円くらい高く売れる。「たとえ普通栽培で400kg以上とってる人でも、肥料や農薬なんかのコストを考えると、いくら手元に残るか…」。

ヘアリーベッチ緑肥ブームは、まだまだ広がりそうだ。

根っこが張る　肥料が減る ヘアリーベッチ緑肥の実力を見る

秋田県大潟村●古谷義信さん／山崎政弘さん

63ページに登場したヘアリーベッチ緑肥の発信源・秋田県大潟村で、ヘアリーベッチ緑肥の生育と効果を見せてもらった。

ヘアリーベッチ緑肥イネに挑戦して3年目の古谷義信さんと、前年10月上旬の刈り取り直後に約4kg播種したヘアリーベッチ（品種は雪印の「寒太郎」）。春先の天候にも恵まれて5月中旬の群落草高で30 ～ 40cm、ツルを伸ばして草丈をはかると70cm前後になるほど順調に育った（写真・倉持正実、以下すべて）

7月下旬の山崎さんのダイズ（リュウホウ）。雨続きで最悪の天候だったが、ヘアリーベッチ緑肥が茂った部分のダイズはけなげに根を伸ばし、根粒もついていた

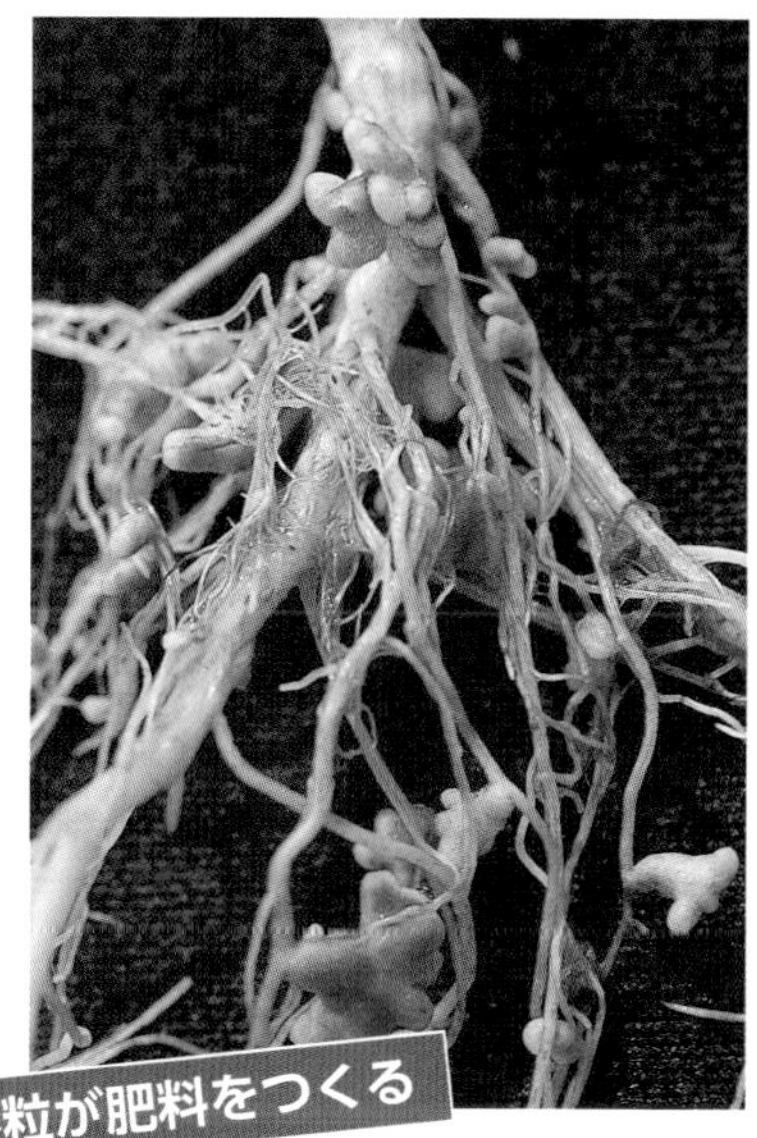

大粒の根粒がビッシリ。色もキレイなピンクでチッソ固定活性も高そう。「これが肥料の粒で、一面に入ってると考えるとスゴイことだよな。タネ代はかかるけど（1kg1340円程度）、肥料なしでいければ経営的にもいい」

田んぼを掘ってみると、ヘアリーベッチの根っこがかたい重粘土の土を突き破って、少なくとも深さ30cmのところまで走っていた。このあとヘアリーベッチをチョッパーで細断し、均平をとりやすくするためにバーチカルハローで表面を約5cmかき回すだけ。ロータリで耕すことも代かきもしないで約2週間後に田植えした

排水性の悪い場所だけセスバニア

長野●上野真司

トウモロコシ畑と筆者の家族

いつのまにか耕盤ができた

スイートコーンを40a、借りた4枚の畑で栽培しています。

4枚のうちの1枚（7a）の畑は、以前から排水性の悪さで困っていました。地下20〜30cmは砂の層ですが、その下はスコップで掘るのも難儀するほどの粘土層。長雨が続くと水の抜けが悪くなりました。また、畑には傾斜はあるものの中央部分がすり鉢のように若干低くなっているので、雨後はそこが田んぼのようにぬかるんでしまう。結果、中央部分だけは毎年生育が芳しくなく、房が小さすぎて出荷できませんでした。

スイートコーンは根が強いので、栽培当初は耕盤ができないと思っていました。しかし、近年主流のウルトラスーパースイート種は根が弱いようで、収穫後の株を掘ってみると根はすべて耕盤の上に張っていました。どうやら10年ほど栽培するうちに、4枚すべての畑で耕盤が形成されてしまったようです。

ヤマカワプログラムも試したのですが効果を感じられず、サブソイラで物理的に耕盤を壊すことにしました。特に7aの畑では、水が傾斜の下方向に流れるようにサブソイラを何回もかけたのですが……、なかなか排水性はよくなりません。そこで、2020年は直根が80〜100cm伸びて排水改善効果があり、耐湿性にも優れているというマメ科のセスバニア（品種は「田助」）を使ってみることにしました。

水が溜まるところだけピンポイント播種

スイートコーンの間で生育中のセスバニア。株間は15cmほど（7月上旬撮影）

セスバニアは5月下旬、スイートコーンと同時期に播種して生育期間を確保しました。また、畑全面だとスイートコーンの作付け面積が大幅に減ってしまうので、播種は一番水が溜まる中央部分だけ（写真上）。スイートコーンのように、マルチの穴に直播（5～6粒）しました。

8月下旬、スイートコーンの収穫残渣は刈り倒しましたが、セスバニアはできるだけ直根を伸ばしたいのでそのままにしておきました。すると、10月には草丈が3m以上になり花をつけました。通常だと結実した種子の落下による雑草化が心配されますが、標高約850mあるこの畑では11月上旬には霜が降りるので種子は結実しないと思い、年内はそのままにしておきました。

その後、雪が解けた翌年の3月に、冬の間に枯れてバリバリになった状態のものを、収穫残渣や後作緑肥のソルゴーなどと一緒にロータリですき込みました。

畑のぬかるむ部分にピンポイント播種

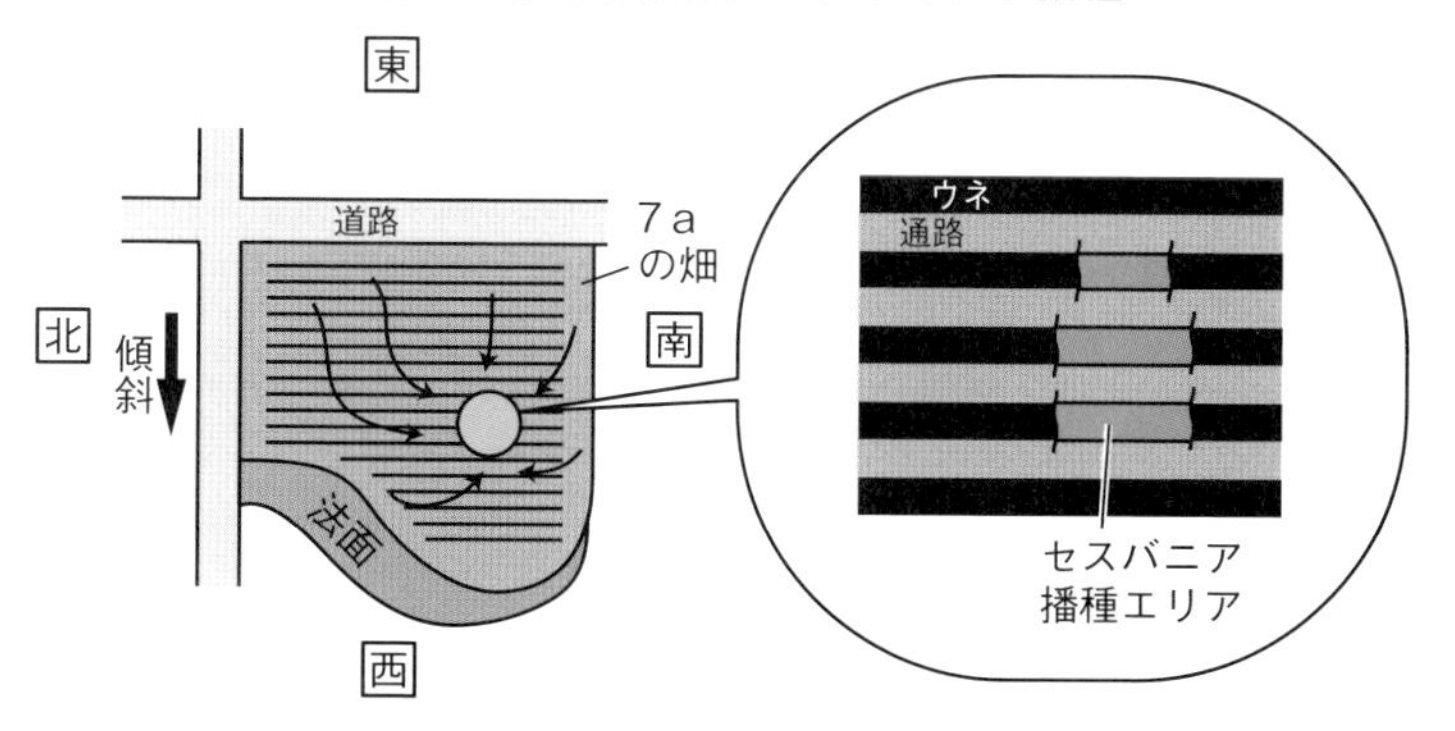

東から西へ傾斜はあるが、長雨が続くと畑の中央部分（青色）に水が溜まってぬかるむ場所があった。その部分にだけセスバニア播種エリアを設けた。

根が耕盤を突き抜けた！

効果は、さっそく21年シーズンに出ました。7aの畑の中央部分は大雨のあとでもぬかるむことなく、スイートコーンも出荷できるサイズまで房が育ちました。掘って確認したわけではありませんが、セスバニアの根が耕盤を突き抜けて、排水性がよくなったのだと思います。

セスバニアの根が開けてくれた縦穴暗渠が塞がらないように、今年は再度同じ場所にセスバニアを播く予定です。

（長野県飯田市）

ソルゴーでロマネスコのチッソが3分の1

茨城●川上和浩

ネギとロマネスコの間にソルゴー

私はつくば市で2017年10月に新規就農しました。就農前は約5年半、市内の農業法人で農場管理などに従事し、現在はミニトマトやトウモロコシなど様々な野菜をつくっています。

肥料をやると確かに作物の生育は早くなります。しかし、作物が処理できない量を与えてしまうと、食味を落としたり病虫害のリスクを高めたりしてしまいます。当園では土壌分析をもとにミネラルバランスを整えることを基本とし、施肥量を少なくしてきました。

ロマネスコはカリフラワーの仲間で、一般的な品目別施肥基準を調べると、チッソ成分で20〜30kg(10a当たり、以下も)入れることを推奨しています。いっぽう、私の畑はというと、その半分どころか3分の1以下です。

はっきりとはいえないのですが、ロマネスコの定植前にすき込んだ緑肥がゆっくりと時間をかけて肥効を発揮してくれているので、結果的に使う肥料が少なくてすむのかな、と思っています。最近は肥料代が高騰しているので助かっています。

(茨城県つくば市)

ソルゴーをすき込んだあとにつくったロマネスコ。少チッソでも立派に育つ

ソルゴーでロマネスコの肥料代減らし

区分	施肥量	金額
慣行 元肥+追肥	20〜30kg	3万3800〜4万9400円
筆者 元肥	6.4kg	1万400円
筆者 追肥	1.6kg	2600円
筆者 合計	8kg	1万3000円

※施肥量は10a当たりのチッソ成分。筆者の追肥は2回分で、施用しない場合もある。慣行の肥料代は筆者の使う化成肥料(8-10-7)で計算。ミネラル肥料の金額は除く

ソルゴーが畑の肥料を吸ってすき込まれることで、次のロマネスコの栽培中にチッソなどがじわじわと効く。有機物が補給されて土が改善され、根張りも肥料吸収もよくなる。

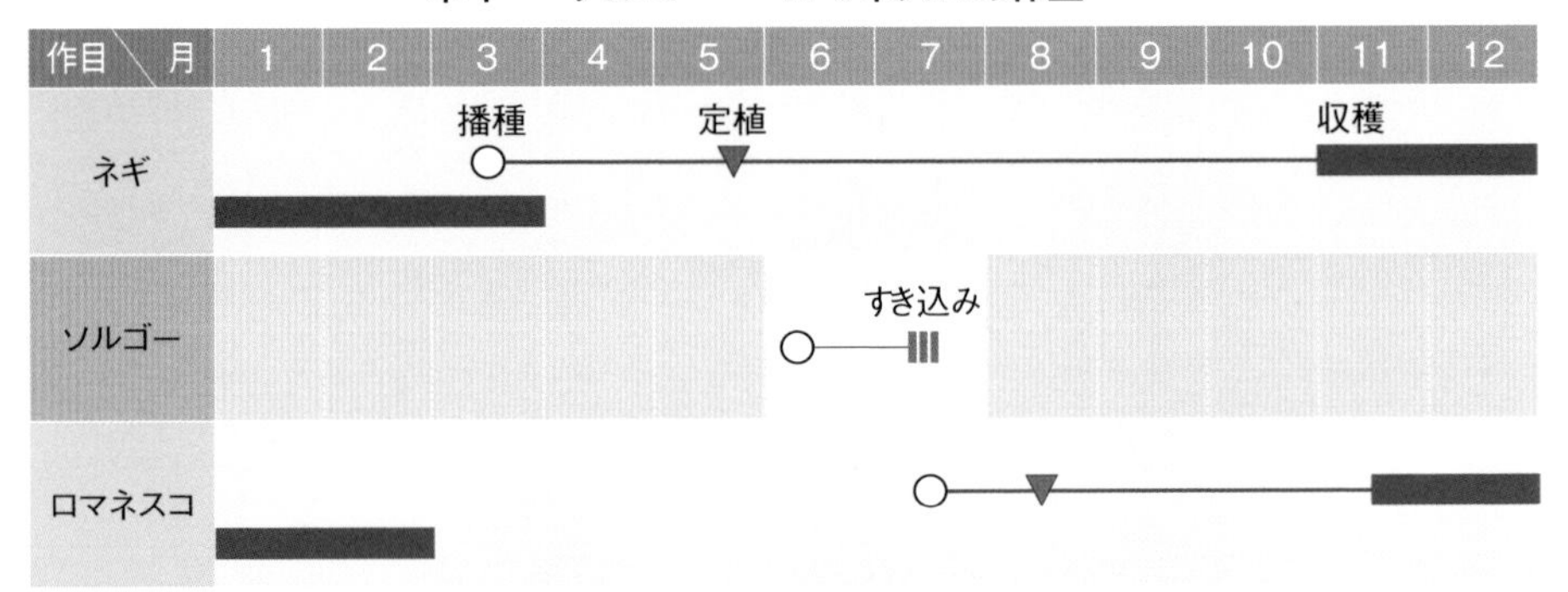

ネギの収穫後、緑肥のソルゴーを栽培してすき込み、ロマネスコを定植

果樹の草生栽培は、肥料代減らしにもなる

静岡●吉田光伸

「青島」の園地で育つ白クローバ（22年2月撮影）。播種して約3年経過。表土を覆い、根も張っているので土も肥料も流れない

肥料の流亡を草で防ぐ

三ヶ日町でミカンを1・8ha（青島1ha、興津早生80a）栽培しています。

近年、三ヶ日町では集中豪雨による土壌・肥料成分の流亡や、夏場の高温・乾燥が問題視されています。水みちができるほど勢いよく雨水が流れることで、園内の表土と肥料は激しく流亡。地表面に出た根っこが傷んでしまい、ミカンの樹勢も低下します。

そこで、土壌流亡、根の乾燥、地温上昇防止や環境に優しい農業を目指して2018年から草生栽培を取り入れました。傾斜のある園地でも、土が流れなければ肥料も流れず、経費を減らすことも可能なはずと考えました。

生やす草は耐暑性と耐寒性に優れ、草丈が短いダイカンドラと白クローバを選びました。取り入れたのは10aずつ。2種とも多年生で、年中園地の表土を緑で保ってくれます。

ダイカンドラは18年4月に10a当たり12kg（1kg×12袋）、翌年4月に追加で8kg（8袋）播種。タネ代は1袋7600円でした。定着すると根が密に張り草勢が強くなるので、年数が経つと樹勢の弱りやすい早生品種のミカンには不向き。樹勢を強く保ちやすい青島には適しています。

白クローバは1袋1340円で、19年4月に5kg（1kg×5袋）播種。ダイカンドラに比べて根が密にならないし、タネ代も安いのでミカンとの相性がいい。マメ科でチッソ固定力もあります。ただし、梅雨時期には草丈が20cmを超えるので、場合によっては年に2回ほど草刈りが必要かもしれません。なお、2種とも生え揃うまでには少し時間がかかりますが、定着すればもうタネ代は必要ありません。

草生栽培で肥料が流亡しなくなり、10a当たりの年間チッソ量は従来の30kgから7・2kgに減りましたが、収量は変わりません。

（静岡県三ヶ日町）

白クローバとダイカンドラでミカンの肥料代減らし

以前

ミカン専用の配合肥料：500kg（チッソ30kg）　5万円（流亡を見越して平均より多めに施肥）

現在

有機ペレット：120kg（チッソ7.2kg）1万8660円

＊すべて10a当たり

「緑肥で減肥」のポイント

緑肥は畑のすみずみ、下層土まで根を伸ばし、土に残っている肥料、流亡した肥料を回収しながら育つ。すき込むことで、それらの肥料の有効活用にもつながる。

＊参考文献：「緑肥利用マニュアル　土づくりと減肥を目指して」（農研機構）、『緑肥作物とことん活用読本』（橋爪健著・農文協・税込2640円）

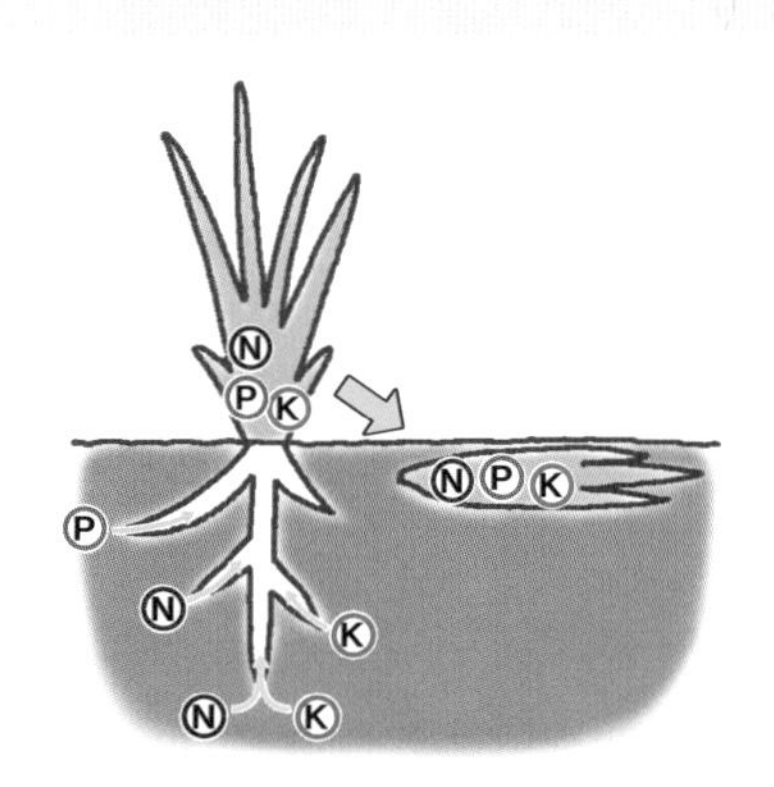

チッソの減肥

①マメ科の緑肥　すき込んで2～3週間後すぐに作付ける

●ヘアリーベッチ、クロタラリア、クリムソンクローバは空中のチッソを固定できる。炭素率（C/N比）は20以下で、チッソを多く含む。土中での分解も早い。

●すき込んで2～3週間後には80%のチッソが土中に溶け出る。溶出チッソは降雨などで流れてしまうので、すき込んで2～3週間後、すみやかに播種や定植するといい。

●ただし、すき込んですぐの播種は、ガス害やピシウム菌の一時的な増殖で発芽不良が起きることがあるので注意。

例　ヘアリーベッチはすき込むときの草丈で、畑に入るチッソ量が推測できる。そのうち、作物が吸収して利用できる分を20～30%として、減肥できる量を計算する。

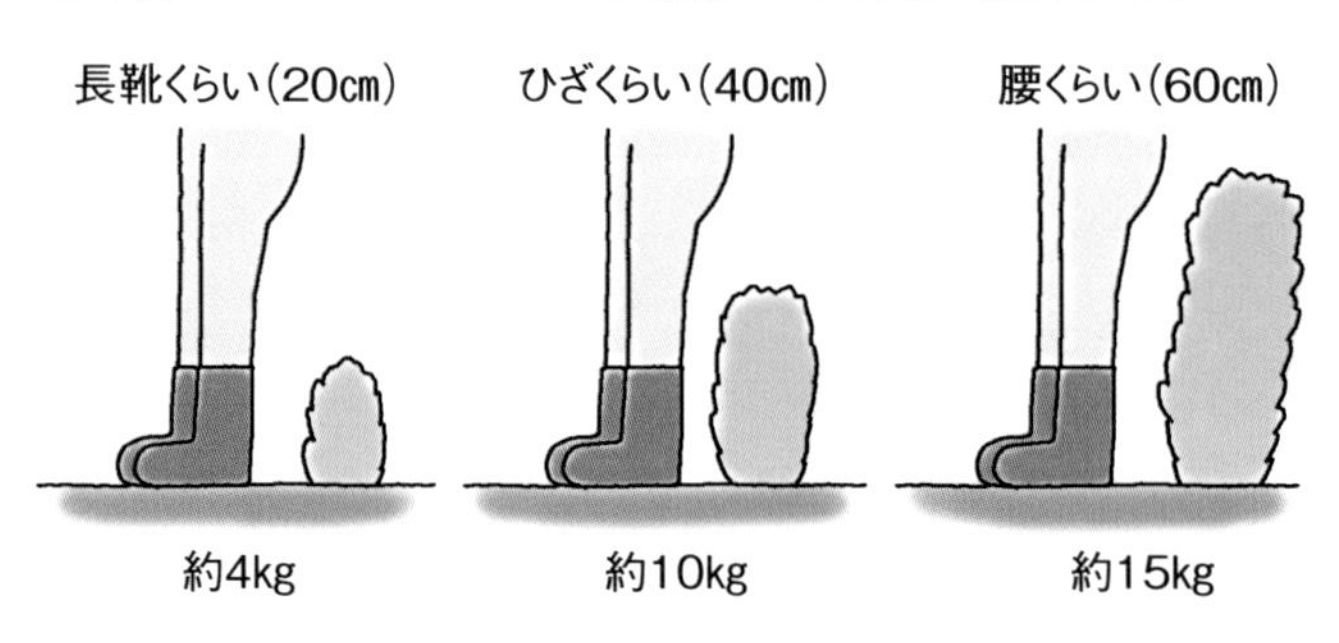

例　クロタラリアを播種後2カ月ほど育ててすき込めば、最大6kg /10a減らせる。

②イネ科の緑肥　出穂前、生育しきらないうちにすき込む

- ソルゴーやライムギ、エンバクは生長するにつれてC/N比が高くなる。特に出穂後はC/N比が高くなり、炭素の分解にチッソが使われてしまうので、チッソの肥効は期待できない。が、出穂前の若いうちにすき込めばチッソ減肥に役立つ。
- マメ科緑肥よりもイネ科緑肥は分解が遅い。十分なチッソの溶出にはすき込みから1カ月以上かかる。

例　出穂前のソルゴー（草丈1.5m前後）あるいはライムギ（草丈30㎝前後）をすき込めば、20kg/10a前後のチッソが入ったことになり、作物が吸収できる分を計算すると、約5kg/10a減肥できる。

③その他の緑肥　すぐにチッソ減肥は狙えないが……

ヒマワリはC/N比が20～40、トウモロコシはC/N比が40以上と炭素が多く、チッソ肥効は期待できない。しかし、「地力チッソ」の増加には役立つので、長い目でみれば減肥につながる。

カリの減肥

豊富に含まれていてすぐに溶け出る

カリはどの緑肥も含有量が豊富で、すき込んだ後も簡単に溶け出る。下層に流れたカリを緑肥の根が吸い上げてくれる現象もよく見られ、大幅に減肥できるケースが多い。

リン酸の減肥

微生物が土中のリン酸を効かせる

緑肥に含まれるリン酸は、すき込んですぐの肥効は期待できない。しかし、緑肥で殖えた微生物には土中にもともとあるリン酸を吸いやすくする様々な力があり、減肥に役立つ。

例

◇生きた緑肥の根で殖える共生菌――VA菌根菌　緑肥自身のリン酸吸収を助ける。

◇すき込みで殖える様々な分解菌――

- たくさんの微生物がリン酸を体内に蓄えて徐々に放出する。（バイオマスリン）
- 有機態リン酸を分解する酵素（ホスファターゼ）を出す。
- なかには難溶性リン酸を溶かすのが得意な菌（リン溶解菌）もいる。

『地力アップ大事典』より「緑肥で減肥」研究データで見る

●編集部

下図は緑肥に含まれる三要素の割合の一例だ。イネ科のソルゴーはカリが多く、マメ科のヘアリーベッチはチッソが多い。ただしこれも、栽培環境やすき込み時期によって変わるらしい。

2022年に農文協から刊行された『地力アップ大事典』を見ると、各地で緑肥研究が着実に進行中なのがわかる。農家の実践を裏付けるように、様々な実証試験のデータが減肥できる理由や減肥可能な量を明らかにしている。

ここでは、その一部をご紹介。

『地力アップ大事典』農文協編
1188ページ　本体2万2000円。

緑肥に含まれるチッソ・リン酸・カリ濃度（%）の一例

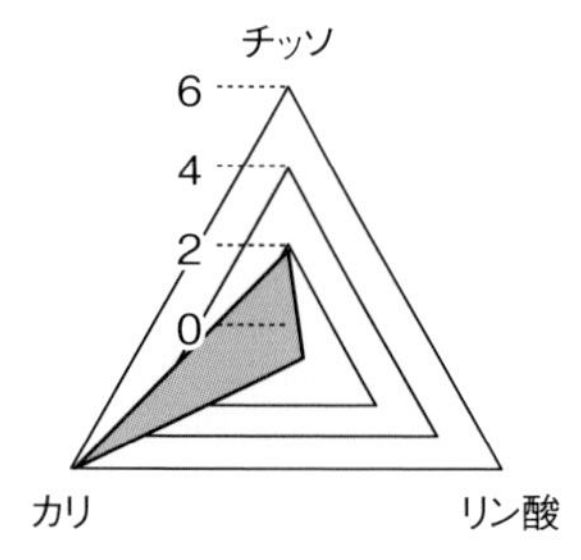

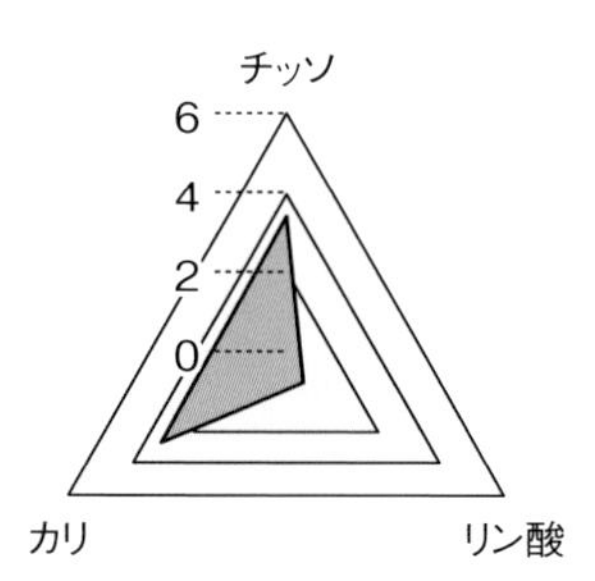

ヘアリーベッチなどのマメ科ではチッソとカリが高く、ソルゴーなどのイネ科ではカリが高く、チッソがやや高い傾向にある。

レタス　エンバクでチッソとカリ3割減肥

普通黒ボク土。エンバクすき込み後、チッソとカリを3割ずつ減肥（いずれも15kg→10.5kg /10a）しても、全重・結球重ともに慣行と同等の収量が得られた。エンバクなしで減肥した区は収量が劣った。

慣行区と緑肥区のレタスの収量比（栃木県農業試験場より、一部改変）

	チッソ施肥量（kg /10a）	カリ施肥量（kg /10a）	レタス全重（g）	レタス結球重（g）
慣行区	15	15	1,046	637
減肥区	10.5	10.5	967	592
減肥＋緑肥区	10.5	10.5	1,046	615
無施肥区	0	0	764	467

＊試験方法
- 5月14日にエンバクを播種（5kg /10a）。出穂直前の6月25日にすき込み、2週間後に分解促進のために耕起。
- すき込みから4週間の腐熟期間をおいた後、施肥し、マルチをして、8月27日にレタス苗を定植。

レタス　越冬ライムギでチッソ3〜5割減肥

アロフェン質淡色黒ボク土。越冬させたライムギをすき込み後、チッソを3～5割減肥しても慣行と同等の収量（調製重）が得られた。8割以上減肥すると明らかに収量は低下した。

慣行区と緑肥区のレタスの収量比（長野県野菜花き試験場より、一部改変）

	チッソ減肥（%）	2015年		2016年	
		収量（調製重）（g/株）	全重新鮮重（kg /10a）	収量（調製重）（g/株）	全重新鮮重（kg /10a）
慣行区	0	542	6,795	613	6,933
緑肥区	30	547	7,089	598	7,065
	50	576	7,516	552	6,766
	80	499	6,413	493	5,971
	100	481	6,135	470	5,579

＊試験方法
- 10月下旬にライムギを播種。越冬後、3月下旬に草丈約30㎝、C/N比20ほどですき込む。30日ほど腐熟期間をとって、5月上旬にレタス苗を定植。

千葉より キャベツ ソルゴーでリン酸2割減肥

腐植質普通黒ボク土。ソルゴーすき込み後、リン酸を2割減肥（27kg→21kg/10a）しても慣行と同程度の収量が得られた。緑肥なしの減肥区は収量減。

慣行区と緑肥区のキャベツの収量比
（2018年、千葉県農林総合研究センターより、一部改変）

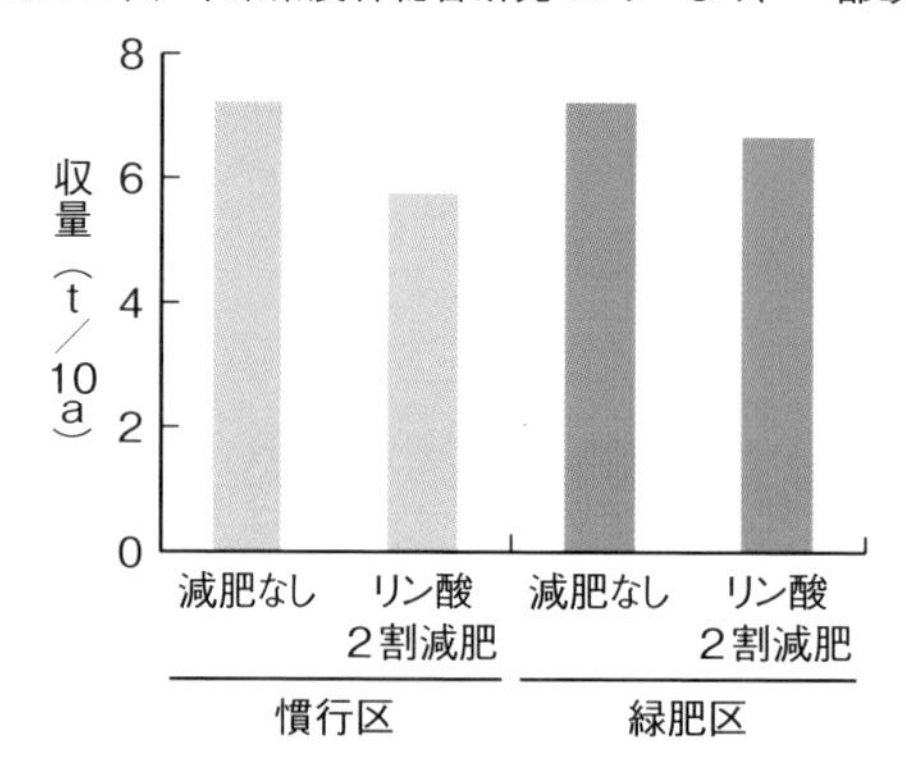

＊試験方法
- 5月29日にソルゴーを播種（5kg /10a）。8月21日に草丈191㎝、C/N比19ですき込み、1週間ごとに計3回耕起。
- 9月12日に元肥を撒き、翌日キャベツ苗を定植。10月2日および24日に追肥をして、12月3日に収穫。

愛知より キャベツ クロタラリアでチッソ2割減肥

細粒質台地黄色土。慣行の収量は10a当たり5.7tだったのに対し、マメ科のクロタラリア＋チッソ2割減肥区（30kg→24kg /10a）は6t。マメ科緑肥はすき込み後、すぐに分解が進んでチッソを放出する。雨などでチッソ分の溶脱が進むので、作付けまでの期間が長くなるにつれて後作へのチッソ供給量は減る。28日後定植だと、1割減肥でも減収した。

慣行区と緑肥区（チッソ2割減肥、1割減肥）のキャベツの収量（森下より、一部改変）

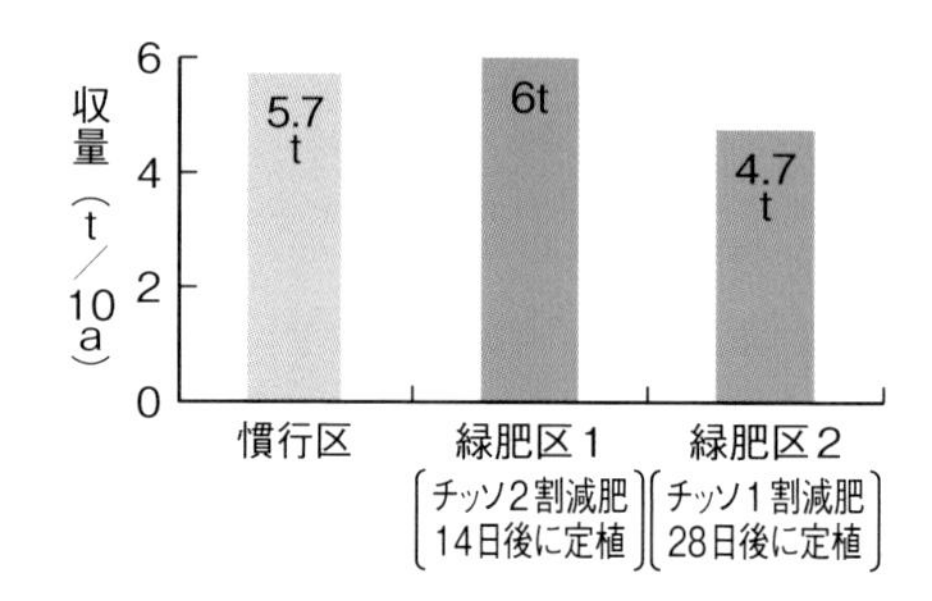

＊試験方法
- クロタラリアの草丈が163㎝になったらすき込み、14日後の9月初めにキャベツ苗を定植。

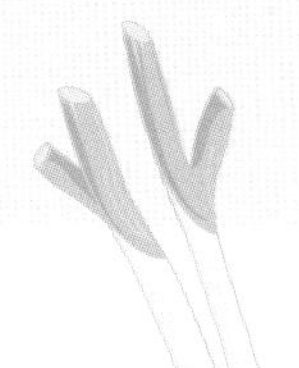

秋田より　長ネギ　ヘアリーベッチでチッソ2〜6割減肥

砂壌土。ヘアリーベッチによるチッソ供給があるので、緑肥区ではチッソを2〜6割減らしても慣行と同等かそれ以上の収量が得られた。また、ヘアリーベッチの根の伸長により排水性が向上。養分吸収能力が高くなったおかげか、葉先枯れも少なくなった。

慣行区と緑肥区の長ネギの収量比（秋田県にかほ市、2016年）（2019、佐藤より、一部改変）

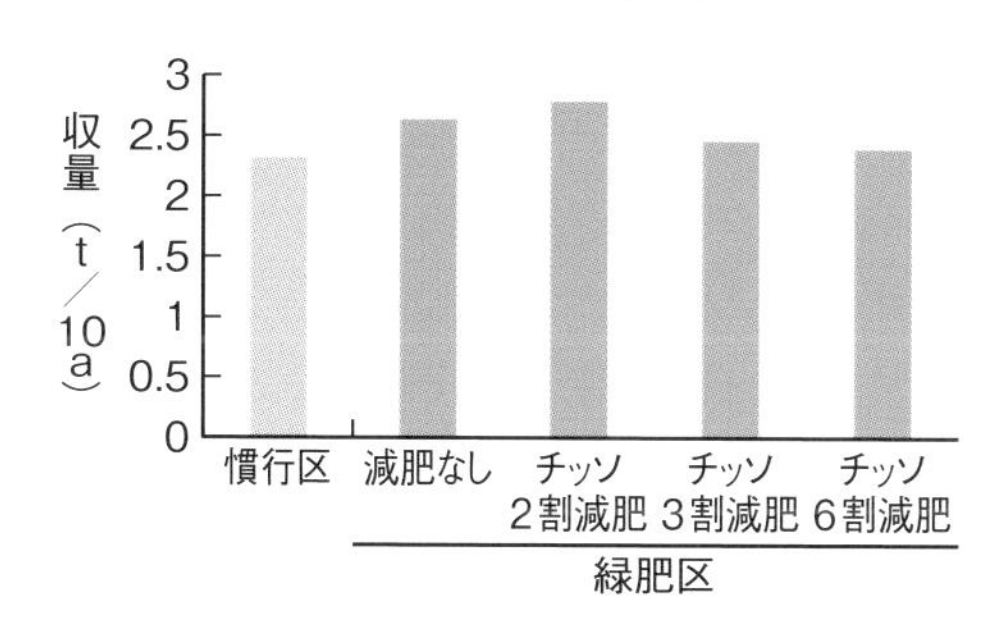

＊試験方法
- 10月中旬にヘアリーベッチ（晩生品種）を播種。翌年4月下旬にすき込む。
- 5月上旬に長ネギ苗を移植して、10月に収穫。

北海道より　タマネギ　ヘアリーベッチとエンバクの混播で三要素すべて3割減肥

土質は様々。道東地域の場合、8月中旬以降は気温が低くなりヘアリーベッチが十分に生育しない可能性があるので、対策としてエンバクと混播（割合は3：7）。エンバクを支柱にしてヘアリーベッチは上へと伸びるので、受光態勢がよくなり生育する。すき込み後、チッソ・リン酸・カリすべてを3割減肥しても、平均で慣行の102%の収量を確保。
（詳しい試験結果は112〜113ページ参照）

慣行区を100としたときの試験区のタマネギの収量（一部改変）

試験年度	試験場所	減肥の割合	緑肥区		
			規格内率（%）	規格内収量（kg／10a）	慣行区対比
2017	夕張郡長沼町	20%減肥	97	5,570	90
2017	夕張郡由仁町	30%減肥	98	5,980	113
		20%減肥	93	4,840	91
2018	夕張郡由仁町	30%減肥	100	6,380	90
		20%減肥	100	6,570	93
2018	北見市	30%減肥＋堆肥50%減肥	100	5,140	99
		30%減肥＋堆肥無施肥	100	5,340	103
2019	北見市	30%減肥＋堆肥50%減肥	100	5,860	103
		30%減肥＋堆肥無施肥	99	5,930	104
		化成肥料30%減肥区平均			**102**

＊試験方法
- 8月下旬〜9月上旬に緑肥を混播して、10月中旬〜11月上旬にすき込む。
- 翌年4月下旬〜5月上旬にタマネギを播種、8月上旬〜9月上旬に収穫。

緑肥は地力チッソを増やすから減肥になる

●編集部

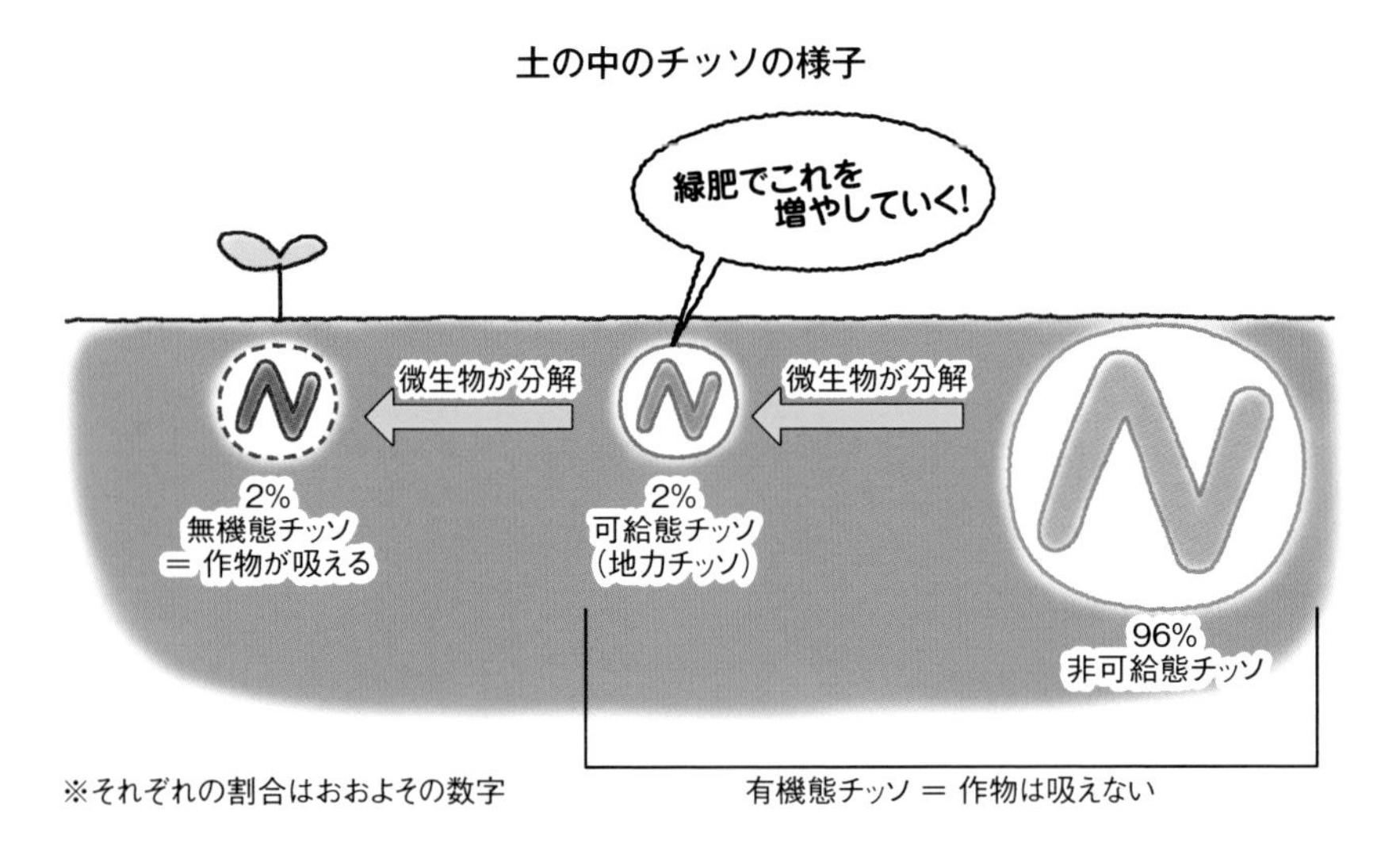

何年か緑肥をすき込み続けていたら、肥料がなくても野菜が育つ畑になった。そんな農家が増えている。緑肥から供給されるチッソの量だけでは説明がつかない。じつは、肥沃な畑になっていく理由は「地力チッソ」の増加に関係があるようだ。

作物が吸えるチッソと吸えないチッソ

そもそもチッソは様々な状態に姿を変える。作物が吸収できるのは主に無機態チッソ(硝酸態チッソやアンモニア態チッソ)だ。だが、土中にあるチッソの9割以上は有機態チッソで、作物は基本的には吸収できない(一部吸収されることもある)。

有機態チッソもやがては微生物に分解され、無機態チッソに変わっていく。ただし、そのほとんどは分解まで長い時間がかかり、すぐには作物が吸収できないので非可給態チッソと呼ばれる。

有機態チッソの一部は分解されやすい状態にあり、可給態チッソと呼ばれている。これがいわゆる地力チッソだ。だが、やはり土中にある量は多くない。

そのため、農家は元肥や追肥として無機態チッソを含む化成肥料を撒き、作物に必要なチッソ量を補っている。

緑肥で可給態チッソが増える

だが、逆に考えると、可給態チッソを増やすことができれば、施用するチッソ量をもっと減らせるはず。そこで大いに役立つのが緑肥だ。

炭素を豊富に含む緑肥を土中にすき込むと、じっくり分解されながら、腐植と呼ばれる有機物へと変わっていく。この腐植がエサとなり、微生物の増殖が進む。また、土壌に炭素が豊富にあると、微生物の活動も活発になる。

つまり、緑肥をきっかけに微生物が殖え、それまで使われていなかった土中の非可給態チッソが徐々に分解され、可給態チッソが増えることで、チッソ肥料を入れなくても作物が育つ畑になっていくというわけだ。

第4章
病気・害虫を減らす

ナガイモの褐色腐敗病がソルゴーで防げた

長野●中野春男

ソルゴーの場所だけ……

高原野菜産地（旧洗馬村）のはじで、一人細々とすきま農業をやっています。そんな私の農業は、これまで何度か紹介したように、緑肥によって成り立っていると思っています。

最近、その効果をナガイモで再確認する出来事がありました。ナガイモでは褐色腐敗病が大変怖い病気です。産地ではクロピクで全面土壌消毒してつくっています。私はナガイモを栽培して30年近く経ちますが、最初の5年くらいは土壌消毒をしていました。が、いい微生物も殺してしまうと考えて、その後は長くて3年で畑を換えるやり方でつくり続けてきました。しかし3年目は、必ずといっていいほど、褐色腐敗病が出てしまいます。

ところが去年まで借りていた畑で、ソルゴー（カネコ種苗のファインソルゴー）を播いてつくってみた所だけ、褐色腐敗病が出なかったのです。

借りた畑は全部で15a。周りには人家があり、土壌消毒はやりたくてもできません。3年前、たまたま種イモが不足して5a空いてしまったため、8月にソルゴーを播種しました。翌年ナガイモを栽培してみると、その部分だけ、100m掘ってわずか2本しか被害が出ませんでした。干ばつでイモは細かったものの、驚きの結果でした。去年もその場所だけは褐色腐敗病がほぼ出ませんでした。

残り10aのうち半分は、4年目にソルゴーを入れ、やはり翌年はキレイなナガイモがとれました。

緑肥を播かなかった残り5aでは5年連作となりました。その結果、半分くらいが病気となり、加工用に回さざるをえなくなりました。

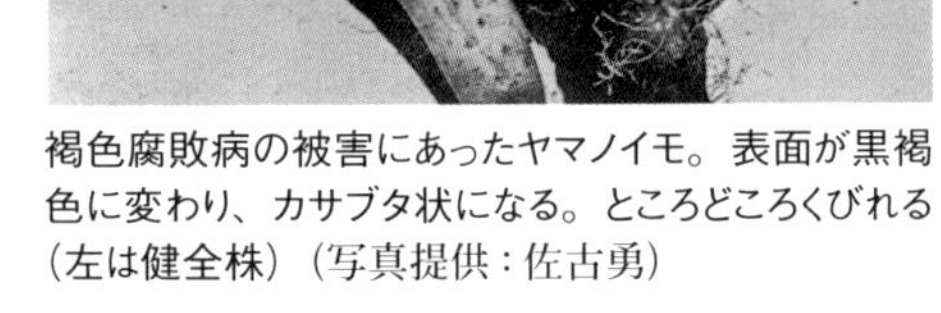

褐色腐敗病の被害にあったヤマノイモ。表面が黒褐色に変わり、カサブタ状になる。ところどころくびれる（左は健全株）（写真提供：佐古勇）

土壌消毒を繰り返した圃場では効果なし

褐色腐敗病の病原菌はフザリウムですが、ソルゴーにその抑制効果があるなど聞いたことがありません。不思議に思って試験場の先生に聞いたところ「土壌消毒をした圃場ではこのような効果は出ないはず。中野さんは土壌消毒をしていないから、ソルゴーを作付けたことで、土壌微生物の多様性が増して、フザリウムを抑えたのではないか」といわれました。

確かに、土壌消毒を繰り返していた

友人にソルゴーを勧めたところ、残念ながら私の圃場ほどの結果は見られなかったようです。消毒で微生物が減ってしまっているのかもしれません。

緑肥が土壌水分を保ってくれる

約2haの耕作面積のうち、半分はかん水設備がありませんが、試験場との取り組みで、緑肥がそのストレスを和らげてくれることもわかってきました。ソルゴーをすき込んだ場所とそうでない場所のマルチ下の土壌水分を2週間測ったところ、ソルゴーをつくらなかった場所の水分は激しく増減し、すき込んだ場所はゆっくり動いていました。

畑を休ませるとき、普通は雑草が生えるたびにロータリをかけて土を固めてしまいますが、緑肥を作付ければ逆に土がやわらかくなるんです。おかげで秋レタスも4年連作していますが、障害が出ていません。連作障害を防ぐには輪作が基本で、緑肥を取り入れることによって、作物の品質が向上し、出荷作業もラクになると感じています。最近、周りでもずいぶん広がってきました。

（長野県塩尻市）

センチュウとおさらば！ 花が咲かないマリーゴールド「エバーグリーン」

神奈川県三浦市●三上誠人さん、三上幸一さん

エバーグリーンの栽培を推進してきた三上幸一さん（右）と、導入3年目の三上誠人さん

緑肥できれいなダイコンができた！

「土壌消毒やめて、緑肥に替えて、怖かったのは虫だね。ダイコンの肌がなめられたらどうしようって。けど、逆に肌目のきれいなダイコンができたから、緑肥やっぱりいいんだなって実感したよ」

三浦市でダイコンをつくる三上誠人（まさと）さん（48歳）は、花が咲かないマリーゴールド「エバーグリーン（タキイ種苗）」にぞっこんだ。土壌消毒にかかる経費を削減しようと3年前から導入。センチュウ害に困っていた圃場で1作試してみたら、ぴったり被害がやんだ。おかげで土壌消毒をやめることに不安があった家族を説得できた。虫にもやられず、土がよくなったおかげか、ツヤのあるダイコンができた。

三浦では5月まで春キャベツを収穫し、その後カボチャやメロンなどの夏

手押し播種機「ごんべえ」。下から上がってくるベルトが種子の入ったタンクを通って適量すくいあげて播くしくみ

ツメはギターの弦を2cmほどに切り、ベルトに開けた穴に挿して接着剤で固定。4カ所ほどつければタネが詰まらない

作を栽培する人もいる。それが終わればダイコンを播くという作型が一般的。

緑肥は手がかかるからやらない、という人もいるが、誠人さんは春キャベツが終わったら夏作の代わりに緑肥をつくり、消毒の経費を節約することで元を取るという考えだ。「土壌消毒にかかる経費が１００万くらいだった圃場が、エバーグリーンなら25万くらいで済むよ。夏作の時期に緑肥をつくって実質儲けてる」と誠人さん。夏作をやらない分、緑肥の管理も行き届く。

欠点も多かったマリーゴールド

ダイコンの産地である三浦では１９８０年代から、キタネグサレセンチュウ対策に有効な緑肥、マリーゴールドに注目してきた。根に殺センチュウ効果のある物質を生成し、センチュウの密度を下げる。早くから三浦のマリーゴールド栽培に携わってきた三上幸一（ゆきかず）さん（66歳）はこう語る。

「ダイコン農家にとって、センチュウは本当に厄介。センチュウ害が出てしまえば、その畑のダイコンはほとんど廃棄同然になってしまう」

マリーゴールドを適切に育てれば、センチュウに困ることはまずない。しかし今までのマリーゴールドには欠点もあった。

従来の品種は花が咲く。景観用には優れているが、その花にオオタバコガがつき、夏作のカボチャやメロンに悪さをした。また、茎葉がかたく、分解に時間がかかる。分解されずに畑に残ると害虫を呼び寄せたり、機械にからまったりして厄介だ。初期生育が比較的遅く、雑草に負けないように、ある程度大きく育ててから移植する必要があり、手間がかかるという問題もあった。このせいで十分に密植できず、生育途中の雑草対策にも手を焼いた。こういった理由から、マリーゴールド緑肥の普及率は伸び悩んでいた。

欠点なし!? エバーグリーンの魅力

「その点、エバーグリーンは欠点がないのよ」と幸一さんと誠人さんは口を揃えて言う。

最大の特徴は、花が咲かないこと。つまり夏作を食害するオオタバコガがつかない。さらに、水分量が多く、トウ立ちしないおかげで茎葉がとてもや

圃場をすっかり覆ったエバーグリーン

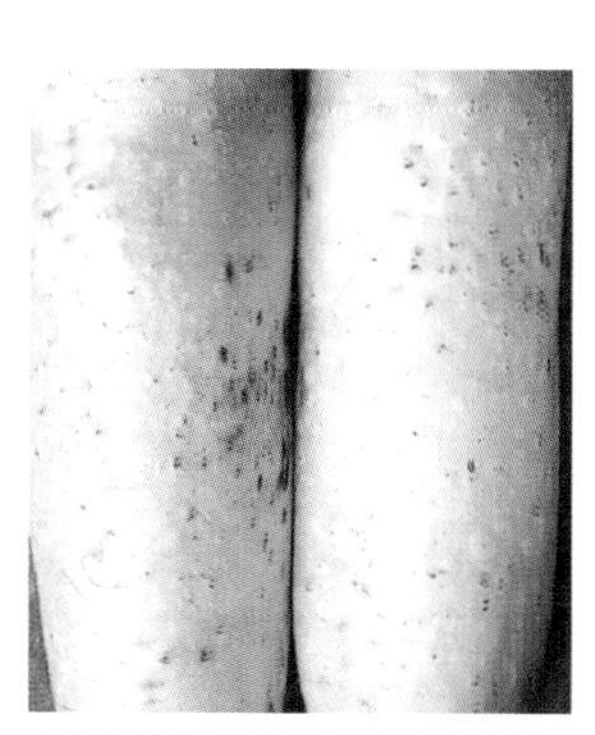
キタネグサレセンチュウによるダイコンへの被害。根の表面に水泡状の白斑ができ、のちに黒変する（写真提供：近岡一郎）

わらかく、一度すき込めばほぼ「溶けるようにして」なくなってしまう。

タネを播くときは手押し式播種機「ごんべえ」を使用するが、マリーゴールドの種子は細長く軽いため、詰まってうまくベルトにのらない。そこで幸一さんはベルトにツメをつけて、種子の詰まりが解消するように改良。これで直播が可能になり、移植の手間がなくなった。エバーグリーンは従来の品種と比べて、分枝が旺盛で横に繁茂する。そのうえごんべえで密播でき、しっかりと地面を被覆するので、初期にも雑草に負けにくい。

乾燥と雑草に気を配る

エバーグリーンは、4月下旬から6月上旬、春キャベツの片付けが終わった圃場から順に播種する。播種量は10aに300gが目安。乾燥しないよう、降雨前に播くのが重要。

播種から3週間で、管理機を使って除草を兼ねた土寄せ。ここからすき込みのタイミングまで雑草が生えたらこまめに抜く。雑草が増えると対センチュウ効果が弱まってしまうからだ。

ダイコンは8月下旬に播くので、その1カ月前にはすき込みたい。「ハンマーナイフで粉々にしてから耕すけど、それだけでほとんどなくなっちゃうよ」と幸一さん。分解が早いおかげで耕耘回数が減らせるのも魅力だ。

堆肥を投入できなくても、緑肥で地力アップ

三浦では家畜糞が手に入りにくい。昔は遠くから運んできて使ったこともあったが、最近は10年以上堆肥を入れていない畑もあるそうだ。少しずつ地力が落ちてきているという。緑肥は堆肥の投入ができない畑での地力アップも期待できる。カバークロップとして、大雨時には土壌流亡を防ぎ、強風による土ぼこりも抑える。

「エバーグリーンは一度つくれば気に入って続けてくれる人が多いし、環境に負荷をかけない野菜づくりができる。いつかみんなに『三浦の野菜しか食べたくない！』と思ってもらえるような産地にしたい」と幸一さん。

緑肥のすき込みと施肥、耕耘のタイミングはまだ研究の余地があるという。産地のみんなで取り組める緑肥栽培のために今年も奮闘している。

根こぶ病対策にライムギ「ダッシュ」

まとめ・編集部

◉農家の話

春播きでも生長が早い

長野県塩尻市・中野春男さん

根こぶ、黒斑対策にライムギ緑肥

長野県塩尻市（旧洗馬村）で2haの畑でレタス、キャベツ、ハクサイ、ナガイモを栽培しています。一年中何かしら緑肥が植わっているようにしたいと思っています。

昨年、キャベツ、ハクサイの黒斑細菌病対策として、3月に超極早生ライムギの「ダッシュ」（カネコ種苗）を播きました。私の周辺でも、この2年ほどダッシュの作付けが増えてきました。私の畑は幸い、根こぶ病（以下、根こぶ）は出ませんが、地域的には根こぶ対策のための作付けと思われます。

従来、根こぶにはエンバクの効果が高いといわれて、エンバクの作付けがいったん広がったのですが、その後アブラナ科野菜の黒斑細菌病がエンバクにも発生することがわかり、黒斑細菌病が寄生しないライムギの緑肥に切り替わっていったのです。ライムギのダッシュには根こぶに効果があることもわかっています（後述）。

根こぶ病に感染したキャベツ
（写真提供：新井眞一）

茎は細い

ダッシュを播いたのは、7月播き・8月出荷のレタスの畑です。3月20日に播いたところ、6月には1m以上伸びました（6月15日すき込み）。低温期の春に播いても短期間に上に伸びて出穂するため、早くすき込めるので、後作の播種や定植に十分間に合います。ふつうのライムギは、秋に播いてひと冬過ぎなければ生長しません。

ただ、ほかのライムギより茎が細く感じました。隙間からアカザのような雑草が伸びてしまいました。

超極早生ライムギ「ダッシュ」（カネコ種苗）

秋播きはクリーン、初夏播きはファインソルゴー

茎が太くて気に入っているライムギは極早生の「クリーン」です。こちらは9〜10月に播くと、茎が太く葉は横

に広がって草を抑え、3〜5月にすき込めます（10月20日までに播かないと前作の収穫残渣の分解が遅れて残り、ライムギの発芽が大変悪くなる）。

いっぽう、発芽と生長が早くて気に入っているソルゴーが「ファインソルゴー」（以上いずれもカネコ種苗）です。5月に播くと8月には2m以上に伸びるので雑草が生えにくく、モアで1回刈るとまた伸びて2毛作となり、畑に有機物がたくさんすき込めます。

中野春男さんの緑肥作付け例

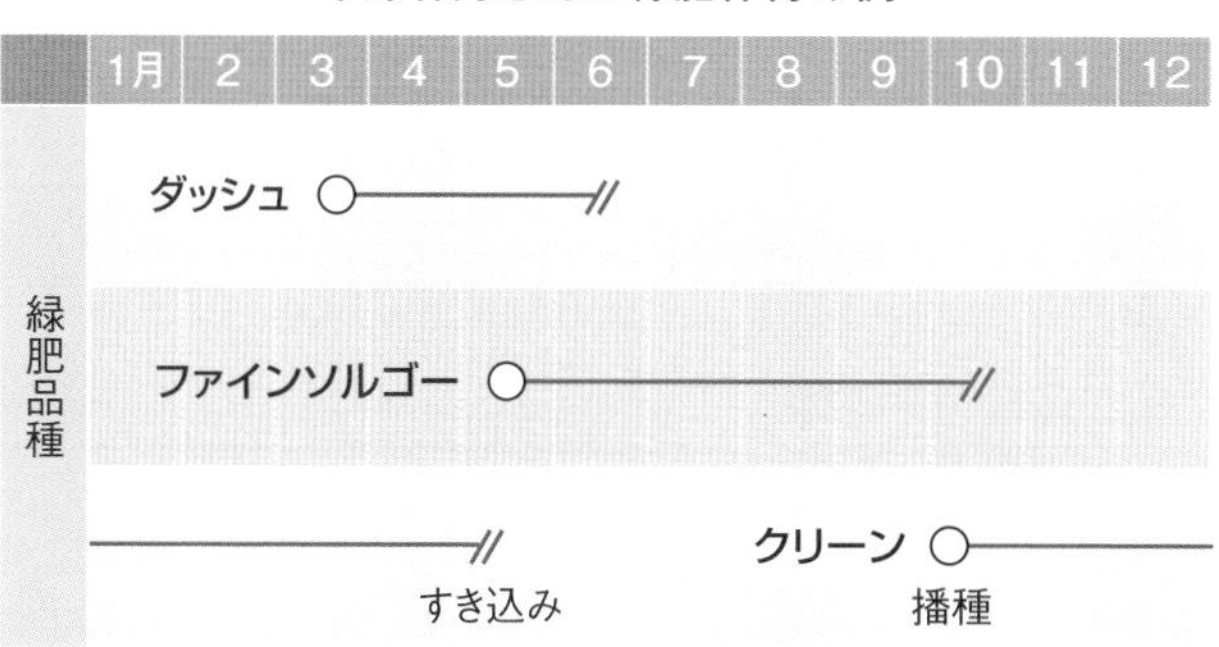

※野菜は年1作で、ファインソルゴーを播いた畑は緑肥の作付けのみ

特にライムギのダッシュとクリーンは連作障害を回避するためには絶対必要な作物だと思っています。年1作で、緑肥を欠かさない私の畑は病気が少ないように思います。

●種苗メーカーに聞く

根こぶ病に効くしくみは、「おとり植物」と同じ

カネコ種苗㈱・久保田慎太郎さん

根に一次感染するが増殖できない

カネコ種苗によれば、ライムギのダッシュに根こぶ病菌を減らす効果があることがわかったのは6年前のことで、そのことを発表して以来、ダッシュの売り上げは年々上昇中という。

そのしくみは、従来のおとり植物と変わらない。根こぶ病菌は土の中で休眠胞子として長い間生き続けているが、アブラナ科野菜やおとり植物の根が近付くと発芽して遊走子となり、その根に感染する。その後、アブラナ科野菜では根の中で休眠胞子が増殖するが、おとり植物であるダッシュの根の中では増殖できない。生きた植物中でしか生きられない根こぶ病菌はダッシュが枯れるのと同時に死滅。やがて土中の菌密度が減っていくとのこと。

おとり植物でいえば、おとりダイコンも市販されているが、アブラナ科野菜なので黒斑細菌病を増やす危険性があるし、おとりダイコンにつくコナガがアブラナ科野菜を加害する危険性もあることから、アブラナ科ではないおとり植物のダッシュに注目が集まることになったようだ。

なお、この効果は根こぶ病菌殺菌剤のオラクル［21］の薬剤試験の中でわかったことだという。オラクルは発芽した遊走子を直接殺菌する薬剤だ。オラクルで効果を上げるには、休眠胞子から遊走子に誘導するおとり植物かアブラナ科野菜との同時使用が必要になり、ダッシュのみの作付けでも効果があるが、オラクルとの同時処理だとより高い効果があるとのこと。

ダッシュのほかにも、いろいろな緑肥を使い、いろんな作物を輪作すると、畑の微生物相が豊かになり、拮抗作用によって様々な病気が減らせるようになる可能性があるともいう。

ジャガイモシストセンチュウ対策に「ポテモン」

まとめ・編集部

農家の話

タネが小さいので肥料で増量して播く

北海道清里町・中平哲也さん

センチュウを減らせる緑肥を

北海道網走の清里町で、デンプン用バレイショ12haのほか、小麦、ビート、ダイズ、アスパラガスなどをつくっています（経営面積57・8ha）。秋小麦の連作面積を減らすため、このうち2・5haを休閑緑肥としています。

一昨年、JAから聞いてジャガイモシストセンチュウを減らす緑肥「ポテモン」（野生種トマト、雪印種苗）を栽培してみることにしました。最初は別の緑肥を播くことにしていましたが、種子が入手できず、JA職員に相談してポテモンを播くことに決めました。

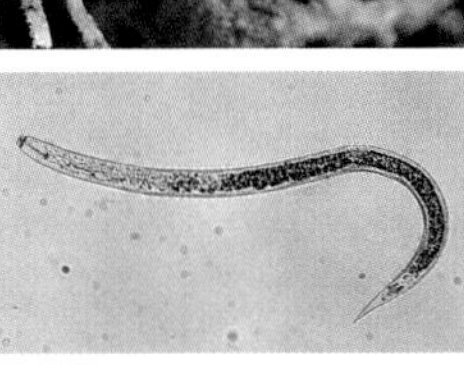

ジャガイモシストセンチュウの第2期幼虫（侵入ステージ、上）と、根に寄生する雌成虫および土壌中のシスト（下）（いずれも写真提供：奈良部孝）

播種深度が浅いので気をつかう

ポテモンのタネはとても小さいので、扱いが難しいです。播くときは、小さいタネを播きやすくするために10a当たり種子1kgに対して硫安を40kg混ぜ、小麦用ドリルシーダーで播きます。播種深土は小麦では2～3cmですが、タネの小さいポテモンはもっと浅いほうがよい（3～5mm）と言われ、自分ではよくわからないので種苗会社の人に見てもらい、細かくセット調整しました。その年は播種翌日に弱い雨が降ったせいか、発芽は良好でした。

発芽さえすれば、あとはすき込みのタイミングだけ気をつければいいので難しくありません。緑肥はタネがつくまでにすき込まないと、やせて乾物量が稼げないし、雑草化してしまうことがあるとも聞きました。私は6月15日に播いて結実前の8月25日にすき込みました（播種後日数70日）。

タネ代は高い

なお、ポテモンはタネ代が高いのが短所です（当時で1kg2万円だった）。網走地域にはジャガイモシロシストセンチュウ対策として緑肥種子の補助があったので、助かりました。

ポテモンのあとは秋播き小麦を播き、昨年はポテモンの種子が不足して手に

ポテモン（雪印種苗）登録品種、海外持出し禁止

入らなかったので播いていません。輪作体系の都合上、次にジャガイモを作付けるのは再来年。センチュウの密度低下に期待しています。

◉種苗メーカーに聞く

同じナス科で孵化させてセンチュウを餓死させる

雪印種苗㈱

卵は10年以上生存する

ジャガイモシストセンチュウはシストと呼ばれる殻の中で卵が10年以上も生きているといわれる。3年ほどの通常の輪作では太刀打ちできず、抵抗性品種でしか対策がないといわれる恐いセンチュウだ。このセンチュウがポテモンでなぜ減らせるのだろうか。

雪印種苗によると、ジャガイモシストセンチュウはナス科の根から分泌される孵化促進物質によって休眠から目覚めて孵化する。このため、ナス科のポテモンを栽培すると「ジャガイモが来た」と間違えて孵化するが、このセンチュウはポテモンの根部に侵入しても感受性ジャガイモのような好適な増殖ができない。やがて畑のセンチュウ密度が減っていくことになるという。

シロシストセンチュウも減らす

2015年時点で北海道でまだ抵抗性品種のないジャガイモシロシストセンチュウが初確認されたが、ポテモンはどちらのセンチュウにも効果がある。

導入時のポイントは播種時期。寒さに弱いので春の早播きは不可。北海道なら、春は6月中旬~7月上旬播きとして遅霜を避ける。夏は8月播きとしてできるだけ早めに播いて60~80日生長させてすき込む。ポテモンの雑草化は確認されていないが、こうすると万が一の雑草化も防げるようだ。

ダイズシストセンチュウにはクリムソンクローバ

文●農文協

青森県田子町で、減農薬でエダマメを栽培する西村孝二さんは、連作するとどうしてもダイズシストセンチュウが広がり、困っていました。何とかしたいと思い、センチュウに効くと聞いた牛糞やクロタラリアも試しましたが、その中で一番効果があったのはクリムソンクローバでした。

西村さんが使用している「くれない（雪印種苗）」は、普通は春にタネ播きします。しかしそれだと雑草に負けて

しまい、うまく育ちません。試しに9月下旬に播いてみたところ、翌年の春にはきれいな花が咲いて、丈も70～80cmまで伸びました。開花後に刈ってすき込んで、だいたい1カ月半でエダマメの植え付けができます。

15年間、センチュウ害はほぼありません。さらに、「地力が上がって、生育がよくなって、収量も上がったよ」と西村さん。地域や作目に合う緑肥や播種時期を見つける努力に感動、緑肥の可能性にワクワクしました。

チャガラシでネギの萎ちょう病、小菌核病を減らす

北海道●浅野宏隆

筆者。チャガラシの他にもセンチュウ対策のマリーゴールド等で減農薬に取り組み、北海道のクリーン農業の認証を取得

野菜中心で長ネギ2・5ha、ニンジン3・5ha、カボチャ2ha、スイートコーン1・5haを作付けしています。

4年くらい前からフザリウム菌によるネギの萎ちょう病が出始めました。はじめは部分的に出ていた病気が畑の全体、さらには他の畑にも移るようになりました。何かよいものがないか農業改良普及センターに尋ねたところ、チャガラシにフザリウム菌を抑える効果があるということで、2年前から始めました。

チャガラシは10a当たり1ℓ動力散布機で播種します。開花前にフレールモアで刻んでからロータリですき込むことで、チャガラシの辛み成分の効果が出やすいということです。

ロータリ1台で畑全部を耕耘しているので、悪い菌をあちこちに運んで歩いている気がします。そこで苗床でもチャガラシを緑肥として使いました。すると苗のできが意外によくなり、小菌核病が出ていたのがだいぶ抑えられ

本圃でネギとチャガラシは
他の野菜と合わせた輪作体系の中で栽培

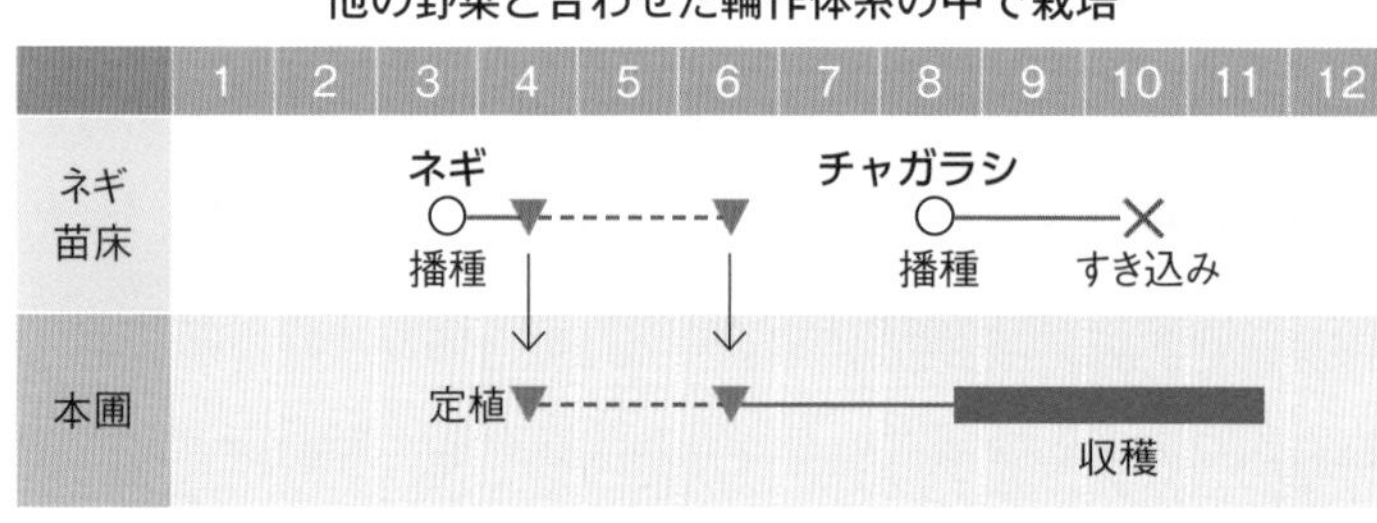

ました。土壌消毒は行なっていません。

本圃では去年同じ圃場でチャガラシとヘイオーツを区画を分けて作付けし、その後の土を調べてもらったところ、共にフザリウム菌の密度を下げており、チャガラシのほうが効果があるという結果でした。その圃場に今年植えたネギの結果が楽しみです。

注意点としては、チャガラシは播種が早いと高温で軟腐病が出てしまいます。7月に播種したところ病気が出たので、今は8月中旬にしています。また、すき込み時期が遅れれば、開花が進み、タネがついて翌年また芽が出て大変です。

（北海道七飯町）

ダイコン残渣をすき込めば　ホウレンソウ萎ちょう病が減る

●井上　興

植物の抗菌成分を利用する消毒法

ホウレンソウ萎ちょう病は、フザリウム・オキシスポラム菌というカビによる土壌伝染性の難防除病害です。被害は、気温が上がる初夏から秋に、施設栽培を中心に発生します。病原菌は、被害残渣とともに長期間土中に残り、伝染源となります。

本病の対策としては、土壌消毒剤の利用が一般的ですが、消毒剤の臭気や薬害等に気を使わなければなりません。これらの問題の解決策として近年注目されている技術の一つに、バイオフューミゲーション（生物的くん蒸）を利用する消毒法があります。これはアブラナ科植物に含まれる抗菌性の成分等を利用して、土壌中の病原菌を減少させる技術です。

ダイコンにはフザリウム菌の生育を阻害する成分が含まれることを確認しています。ダイコン産地の選果場や加工場等では、商品にならないものや加工残渣が大量に排出されます。この残渣を用いて生物的くん蒸を行なえば、防除効果だけでなく、未利用資源の有効活用にもなると考えました。そこで県内の産地の要望も受け、試験を行なうことにしました。

萎ちょう病を発病したホウレンソウ。発芽不良、下葉からの黄化、萎ちょう、生育不良、株全体の枯死等の症状が出る

病気が減って施肥効果もあり

筆者らの試験では、ダイコン残渣を用いた生物的くん蒸の防除効果は、クロルピクリン剤に劣るものの、フスマによる還元消毒と同様の効果が得られ、

収量も多くなる傾向が認められています（図1・2）。

収量が増加した原因は、肥料成分の変化と考えられます。ダイコン残渣を約2t／a投入した場合、処理後にはホウレンソウ1作分に当たる量のチッソ分（1・5kg／a）が残ることを確認しています。

ダイコン残渣のすき込み処理は、ホウレンソウ萎ちょう病に対して防除効果があり、化学農薬による防除に比べ農薬代がかからないので経費が安くなりますが、問題点がないわけではありません。この方法には、ダイコン残渣の調達が必要で、ダイコンの産地が近くにある場合はよいのですが、そうでない場合には残渣の排出者と利用者の間を調整するしくみが必要でしょう。また、効果の持続性や処理期間の短縮、作業労力の軽減等の解決すべき課題があり、山口県農林総合技術センターにおいて継続して研究が行なわれています。

開発途上の技術ではありますが、ダイコンの残渣が利用可能な場合にはぜひ試していただけたらと思います。

（山口県柳井農林事務所）

ハンマーナイフモアでダイコン残渣を細断

図1　ホウレンソウ萎ちょう病の発病株率

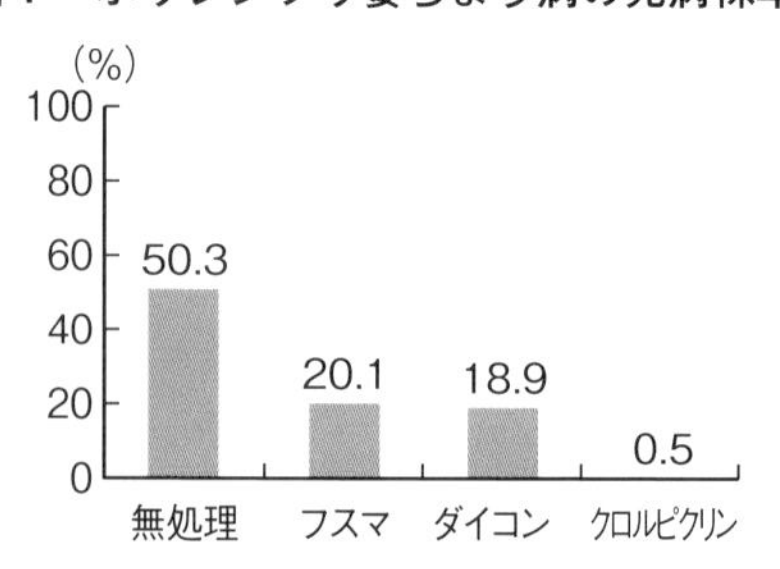

図2　各処理区の収量

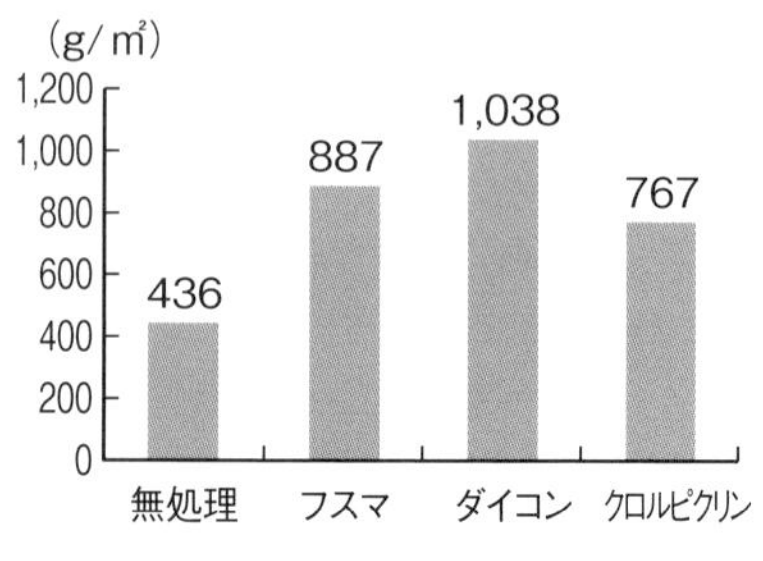

ダイコン残渣すき込み処理の方法

◉準備するもの

・ダイコン残渣……1a当たり1.5～2t程度
・被覆用の透明フィルム……古ビニールよりもバリアースター等の資材のほうがガスの遮断効果が高く、軽量で取り扱いが容易
・フィルム押さえ用資材……水を封入した太めのポリのホース等

◉処理の時期

地温30度以上を安定確保するため、5月末から9月下旬まで（平均気温20度以上）の、3日程度晴天が見込まれる日に作業を開始

◉手順

1、ホウレンソウの圃場にダイコン残渣を散布し、ハンマーナイフモアで粉砕後、ロータリ耕ですき込む
2、100ℓ/㎡を目安に充分かん水。その後透明フィルムで被覆し、乾燥しないように周囲を押さえる
3、温度確保のためハウスを閉め切り、3週間程度放置
4、被覆を取り除き、1週間程度乾燥させてから耕起し、ホウレンソウを播種

◆本技術は、農林水産省委託プロジェクト「気候変動に対応した循環型食料生産等の確立のための技術開発　有機農業の生産技術体系の確立」（平成21～24年）の成果の一部です

第5章
緑肥の播種・すき込みをうまくやる

播種機で条播き 発芽バッチリ、タネ代4分の1

静岡●河合正敏

ハウスは5条播きの播種機

ハウスと露地合わせて葉ネギを5ha栽培しているが、近年はどちらも土壌病害に悩まされている。土壌消毒で対応してきたが、被害がなかなか減らないため、土壌自体の改良もねらって緑肥を栽培することにした。

最初に、春に露地でギニアグラスを手でバラ播きした。播きムラが出て、覆土もうまくいかず、発芽揃いが悪かった。

葉ネギ栽培では日頃、管理機に付けた5条播種機を使ってタネを播く。そこで今度はハウスで5条播種機でギニアグラスを条播きしてみた。すると覆土もうまくいき、発芽揃いもよかった。すき込んだあとの効果も高く、葉ネギの発芽率も生育も良好で、病気の発生も少なかった。

露地は手押し式播種器

次に、秋に露地で、低温伸長性のあるライムギも播種した。

40aの畑に播いたが、5条播種機を使うと、旋回部分などでは播くことができない。葉ネギ栽培でも露地は手押し式播種機を使って畑の縁ギリギリまでムダなく播いているので、緑肥も同じ方法でやってみた。

また、播種機で播くなら、発芽揃いがよくなるはずと、通常10a当たり8〜10kgの播種量を2・5kg以下と4分の1まで減らしたが、十分な草の量を確保できた。

播種量設定

ベルト　10穴
　　　　穴の半径 2.75
ギア　　前方 37
　　　　後方 23

*この設定で播種量約1kg /10a

5条播き播種機「ごんべえ」(向井工業)。ベルトと2つのギアの組み合わせを変えて、播種間隔や播種量を調整できる

河合正敏さん。ハウスと露地合わせて7haでネギをつくる法人農家（依田賢吾撮影）

手押し式播種機での作業は時間がかかるが、バラ播きと違い播種後のトラクタ耕起は必要ない。総合的に考えると手間はそれほど変わらず、緑肥の効果はしっかり出て、経費も節約できる。

露地は石灰チッソで分解促進

緑肥を播種するときは、土の状態が悪い部分があると覆土と鎮圧が一定になりにくい。播種前の耕耘時に、土壌の水分量に合わせて変速したり、耕深を調整したり、圃場全体を均一に耕すよう注意している。

ハウスの場合は、除塩のため、発芽後はビニールを剥がして雨が入る状態で育てる。草丈約1mまで育ったらビニールを張り直す。ハウス内の土中の水分を十分吸い上げながら、草丈が約2mまで育ったら、ハンマーナイフモアで細断して、ロータリですき込む。

露地の場合、播種後の管理は特にな

発芽したギニアグラス。初夏に播種して初秋までにはすき込む（依田賢吾撮影）

春の作付け前にすき込めるよう、冬でもよく育つライムギを11月に播種。手押し式播種機の均一覆土で発芽良好（黒澤義教撮影）

翌年2月の様子。バラ播きよりも生育がいいので、播種量を4分の1に減らしても問題なし

い。草丈約1m、穂が出始めるころまで育ったらハンマーナイフモアで細断。分解促進のため、石灰チッソを散布してからロータリですき込む。石灰チッソは10a160kgを目安に畑の地力によって量を加減する。ハウスは地力があるので、石灰チッソは散布しない。

（静岡県浜松市）

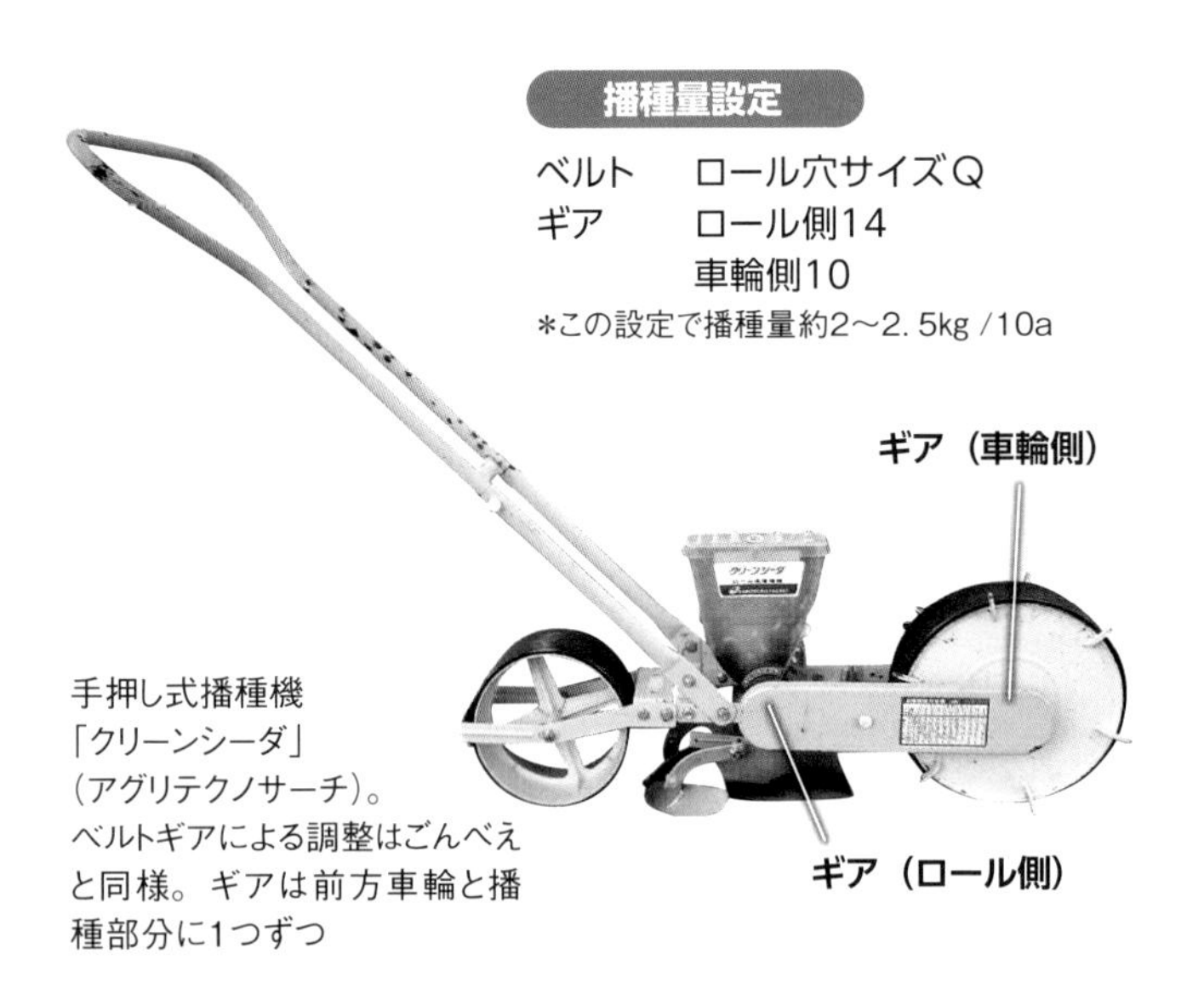

手押し式播種機「クリーンシーダ」（アグリテクノサーチ）。ベルトギアによる調整はごんべえと同様。ギアは前方車輪と播種部分に1つずつ

散粒機は両肩掛けにするとラクチン

神奈川●加藤雅基

10年以上前から冬作のキャベツやブロッコリーの後作にソルゴーを栽培、播種には手動の散粒機を使っています。通常はベルトを首にかけて使うのですが、タネを3〜6kg入れると、ベルトが食い込んで首が痛い。

何年も痛みに苦しんでいましたが、重さが一点に集中するから痛いのだと気がつき、背負い式の肥料散布機をヒントに両肩にかけられるようにベルトを改良してみました。

ベルトを両肩にかけて、散粒機を体の前に抱えながら散布します。重さが分散され、首への負担がなくなりました。以前は苦痛を避けようと早歩きで散布していましたが、精神的に余裕ができたので歩く速度も一定になり、播きムラが減りました。

（神奈川県三浦市）

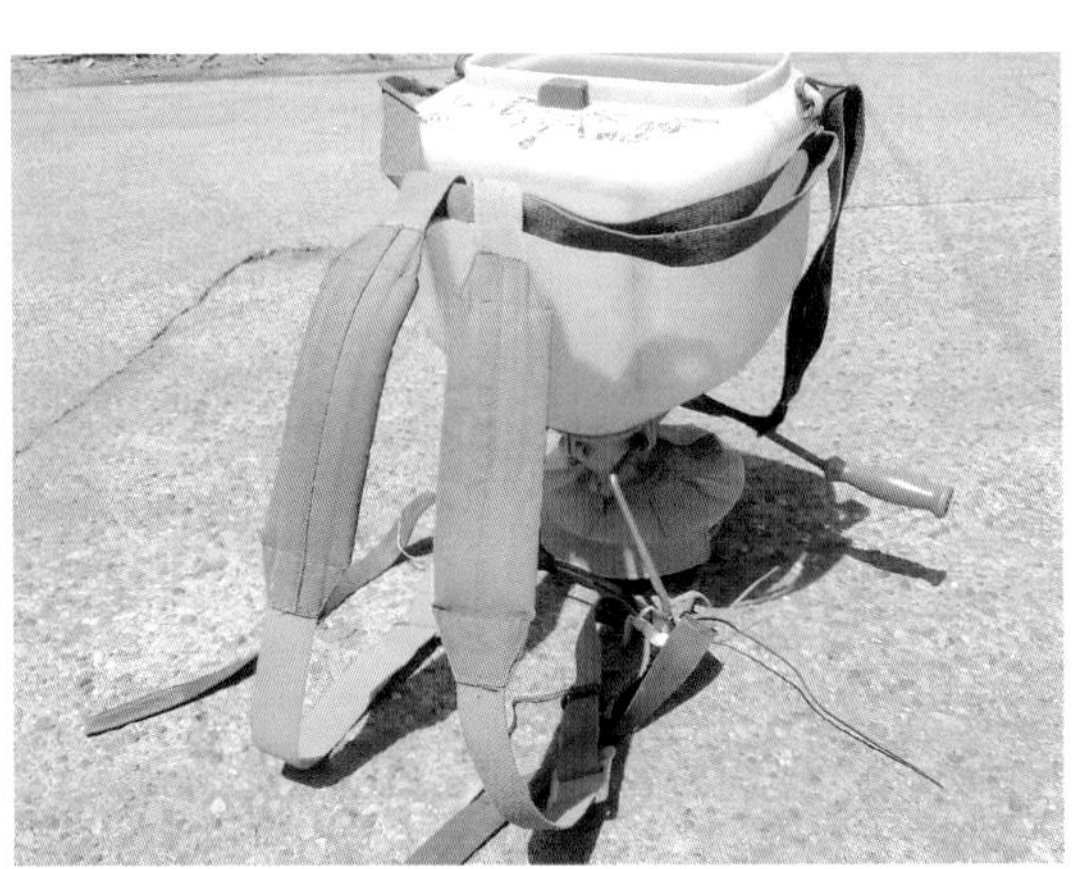

ベルトは使わなくなった肥料散布機から流用

ソルゴーならロータリだけですき込める

静岡●小城寿子

白ネギ30ａ、エビイモ15ａを露地栽培。後作でソルゴーを栽培し、草丈１・５〜２ｍほどに育ててからすき込んでいます。

試しにいちど25馬力のトラクタで直接すき込んだら、ロータリにからむこともなくうまくいったので、それ以来ロータリ耕だけですき込んでいます。

大事なのは１〜２日で作業して葉が青い間に細かく粉砕すること。なぎ倒してから何日も長い状態のまま放置して枯れてしまうと、ロータリにからみついてしまいます。

（静岡県磐田市）

私のソルゴーのすき込み方

❶トラクタの速度はゆっくり（副変速「低」、主変速２程度）、ロータリの回転は速く（PTO3程度）で１回目の耕耘。爪の深さは地表面を叩く程度に浅く。すき込むというより、なぎ倒す感じ。

↓

❷１回目よりやや深めに２回目の耕耘。すでに倒れているソルゴーを粗く粉砕しながらすき込む。耕し終わったあとは、ソルゴーが地表に５割程度見える感じ。

↓

❸３回目の耕耘。１、２回目で耕耘した場所から少しだけずらして耕す。爪の当たり方が変わってソルゴーがより細かく粉砕される。耕し終わったあと、完全にすき込めていなくてもOK。

↓

❹翌日、ソルゴーは枯れて黄色く変色。もう一度耕してすき込み完了。

すき込み作業中の筆者

ドローンの運転補助機能でラクラク・スピード播種

岩手●堰根 慶

ブドウ園の上空からナタネを播種。機種はMG-1SAK。飛行高度は3～3.5m。2.5m間隔で並ぶブドウ棚の間にムラなくタネを散布できる

堆肥が使いづらいブドウ園に緑肥

㈱みちのくクボタが機械化実証を目的に子会社の㈱MKファームこぶしを設立し、2018年から醸造用ブドウの栽培を始めた。私は農場長として、会社所有の圃場5ha、個人所有の圃場50aを管理している。

耕作放棄地となった水田を数枚造成して1枚のブドウ圃場にした。造成の際に土を削った場所では腐植が少なく、圃場内の生育に偏りが出ていた。

堆肥を散布して改善することも考えたが、ブドウの垣根があるのでマニュアスプレッダなどの機械を入れづらい。そこで、海外のブドウ畑で使われている緑肥を試そうと考えた。ただ、タネを播くための播種機やブロードキャスタを持っていなかったので、ドローンの利用を思いついた。

モニターに表示された飛行ルート。空から見た圃場マップの上に飛行ルートが白線で示される。緑の線はタネを散布したルート

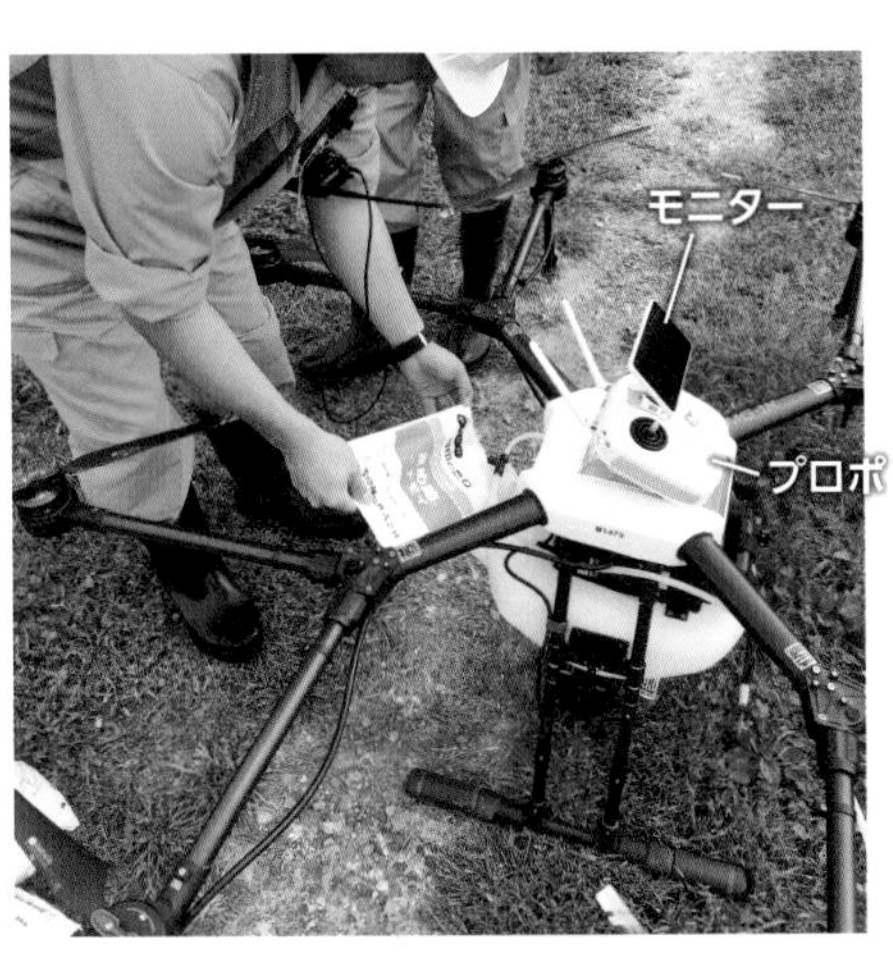

粒剤散布装置にタネを充填。機種はMG-1K。操縦に使うプロポ（送信機）にモニターが付いていて、飛行ルートなどがサッと確認できる

運転補助機能が便利

　ドローンはクボタ製を使用。種子散布できるよう、粒剤散布装置を取り付けた。緑肥の種類によってタネの大きさや形が異なり、必要とされる播種量も違うので、圃場でドローンの飛行速度や高度、播種機のシャッター開度を調整しながら作業した。

　2年目からは、飛行速度や高度、散布幅を自動制御するM＋モードという機能も試した。これがとても効果的で、スピーディーで正確な散布ができるようになり、緑肥もムラなく揃って十分に生育した。

移動がラク、散布ムラもない

　3年ほどドローン播種をやってみた実感は次のとおりだ。

- ドローンを車に積んで運べるので、区画内や圃場間の移動がラク。
- 少量のタネを気楽に播ける。いろいろな緑肥の試し播きがやりやすい。
- 送信機のモニターで飛行ルートを確認できて安心。運転補助機能も利用すれば、散布ムラはほぼない。
- 種子の積載量は限られる。10kg／10aが目安のライムギなど、播種量が多い緑肥には向かない。
- 今は耕起→播種→耕起の順で作業しているが、播種→耕起だけの省力化も試したい。また、近い将来自動操縦で散布してみたい。（岩手県花巻市）

ドローン播種の実績――播種場所と緑肥の種類

（タネの量は10a当たり）

1年目（2019年）	
使用機種	MG-1K（種子の最大積載量10kg、飛行時間10分）
機器設定	飛行速度や播種機のシャッター開度は手動で調整
作業内容	10/3　ヘアリーベッチ播種2kg 荒耕起したブドウ園1ha 10/9　ヘアリーベッチ播種2kg 草地50a 10/9　カラシナ0.5kg　草地1ha

・初めてなので何回も離着陸させたため時間は多くかかった
・播種後の覆土作業をしなかったため、発芽率が悪かった

2年目（2020年）	
使用機種	MG-1SAK（種子の最大積載量10kg、飛行時間10分）
機器設定	運転補助のM+モードを使用。 飛行速度、高度、散布幅を自動制御
作業内容	5/12　緑肥用ヒマワリ1.4kg 植え替え前のブドウ園（傾斜地）70a ※耕起→播種→浅くロータリがけで7/27に満開。 ムラなくきれいに咲き揃った。 チョッパーで粉砕してすき込んだ。 9/30　ナタネ0.5kg ブドウ園3ha（数カ所合計） ※荒耕起→播種→ロータリ浅がけで翌21年4/27に満開。 粉砕のみですき込みはしなかった。

・9月のナタネ播種は圃場が点在していた。トラクタを使用した場合は移動が不便で1日かかるが、車で移動できたので3時間ですんだ

3年目（2021年）	
使用機種	MG-1KとT20K （種子の最大積載量16kg、飛行時間10分）
機器設定	MG-1KはM+モードを使用。T20Kは空撮ドローンで事前にマッピングした圃場データを読み込ませて自動運転
作業内容	10/28　カラシナ0.5kg ブドウ園3ha 11/1　ライムギとヘアリーベッチ混合4kg ブドウ園50a ※スケジュールが合わず播種時期が遅れた。

・2022年3月現在、発芽が遅かったため生育はやや遅め

*クボタでは現在、後継機種（T10K、T30K）のドローンを販売中

ロータリのからみつき防止装置を自作

福島●西間木 暁

①L字型金具（ロータリの爪にはめ込むもの）、②L字型金具（①の金具と全ねじボルトを固定するためのもの）③1.5mに切断した全ねじボルトを組み合わせて、ロータリの回転軸の側に付けた。巻き込まれる草に全ねじボルトが当たり、からみつきを防ぐ

両端の固定部分に使う①L字型金具。点線部でカットし、穴はヤスリで削ってロータリの爪が挿し込める大きさまで広げる（斜線部）

最近のトラクタなら付いているが

就農4年目の43歳。少量多品目野菜をつくり、露地野菜畑の土壌改良にライムギやセバニアなどの緑肥を使っています。

昨年、ハンマーナイフモアを購入しましたが、それまではロータリだけですき込んでいました。大きく育った緑肥がどうしてもロータリにからみつき、作業が滞るし、故障の原因にもなるのではないかと気になっていました。

最近のトラクタはからみつき防止対策でロータリに草巻き付き防止棒が付いていますが、わが家の古いトラクタには付いていません。そこで防止装置を自作しました。

製作当初は、草巻き付き防止棒を模したワイヤーを取り付けてターンバックルで調整していましたが、田んぼの秋起こしの負荷で調整幅以上にワイヤーが伸びてしまいました。

そこで、ワイヤーのかわりに全ねじボルトを使うことにしました。ボルトなので伸びもわずかで製作費もワイヤー式よりも安くすることができました。

からみつき防止装置の付いたロータリを横から見た写真。①のロータリの爪を挿し込む金具と③の全ねじボルトを、②の黒いL字型金具でつなぎ止めている。①と②の金具は、ボルトセットで固定している

枯れたライムギですき込み実験。非常にからみつきやすい状態で、防止装置なしはひどいありさま。でも、装置を付けるだけでからみつきは大きく軽減した

材料費２５００円ほどでできた

材料は１・５ｍの全ねじボルト、ナット、Ｌ字型のマルチ金具２種類、Ｌ字型金具同士を接続するボルトセットで、どれもホームセンターで手に入るものばかり。金額も全部で２５００円ほどでした。

加工が必要だったのは全ねじボルトとＬ字型のマルチ金具だけ。全ねじボルトをロータリの幅に合わせてカット。Ｌ字型のマルチ金具はロータリの回転軸よりはみ出す部分をカットし、穴の部分はヤスリで削って、ロータリの爪を挿し込める大きさに広げました。

全ねじボルトの取付けは、張りにたわみがないようにナットの位置で調整しました。実際に使ってみると、回転軸に草がきつくからまることがなくなりました。もしからまったとしてもロータリの空転で払い落とせます。払い落とせなかった場合も、鎌を使って簡単に取り除けるようになりました。

（福島県須賀川市）

ムギ間作で土づくり&防草&天敵温存

神奈川●内田達也

カボチャの通路でマルチムギを栽培

マルチムギ

虫や菌のバンカープランツになる

カボチャのウネ間には、定植前か定植と同時にリビングマルチ用の大麦（マルチムギ）を播種していきます。マルチムギは、天敵を温存するバンカープランツとしての効果や、アレロパシーによる防草効果があります。

また、伝統農法文化研究所の木嶋利男先生に教えていただいたのですが、マルチムギは夏の暑さでひ弱に育ち、カボチャより早くうどんこ病が発生します。するとマルチムギのうどんこ病菌に重寄生菌（アンペロマイセス・クイスクアリス）が寄生・増殖して、カボチャのうどんこ病菌にも寄生し、病気を抑えてくれる効果もあるようです。

カボチャの肥大前に枯れる品種を選ぶ

現在は、早枯れ品種「マルチムギワイド」（カネコ種苗）を利用していますが、以前は、それよりも遅く枯れる「てまいらず」を播種していました。この品種は、カボチャの着果時期を過ぎても旺盛に生育していたため、養分競合を起こし、収量が低くなってしまいました。カボチャが肥大する時期に

筆者（45歳）。脱サラ後、仲間と㈱いかすを創業。現在5haの畑で多品目をオーガニックで栽培（依田賢吾撮影）

は、マルチムギは弱っているか、枯れ始めていることが大切です。早枯れ品種をおすすめします。

また、対症療法になりますが、カボチャの着果時期につるが十分に伸びておらずマルチムギが枯れそうもない場合は、つる先のマルチムギを刈り倒し、その場所に追肥するなどして、着果負担をサポートしてあげるとよいと思います。

栽培終了後、枯れたマルチムギをめくると団粒構造が発達しており、トビムシやダニ、ヒメミミズなどの土壌動物がたくさんいて、やわらかな土に変わっていました。また、枯れたムギの上にカボチャの果実がのるので、お皿を敷かなくても比較的きれいなものがとれました。収穫後はマルチムギと作物残渣を共にすき込み、有機物を補給。次に秋作のキャベツやハクサイなどを栽培したら良品がとれました。

サツマイモの通路にもマルチムギを使うことで、草を刈る回数が減り、有機物マルチ効果で土づくりを進めることもできます。

エンバク

何度も刈って敷き草に

夏場のトマトやナス、ピーマン、キュウリ、ズッキーニ、オクラ、エンドウ、ソラマメなどの果菜類の通路には、必ずエンバク（ヘイオーツ）を作付けます。エンバクが生えることで、アブラムシなどの天敵のヒラタアブやクサカゲロウ、テントウムシなどのすみかになり、バンカープランツとして機能してくれます。

あくまでも通路の緑肥は主作物をサポートする役割なので、養分競合を起こさないように葉色などを観察し、果菜類の生育が抑えられる前に刈り倒します。基本は、40㎝ほどの高さになったら刈り払い機で10㎝の高さに刈り込み、敷き草にします。ちなみに、10㎝の高さに刈り込むとムギが再生しやすく、約2週間おきに3～4回繰り返すと、自然と枯れていきます。敷き草は徐々に分解し、作物に養分として利用されます。通路に緑肥を生やすことで、踏圧を防止し、根も入り込むため、透・排水性の改善にもつながります。

「根穴」で生育をサポート

耕作放棄地からスタートするときは、基本的に、一度緑肥を栽培して土壌の物理性と生物性を確保してから作付けます。しかし、作付けの関係で土づくりをするヒマがなく、畑を借りてすぐ夏野菜から始めることもあります。畑にもよりますが、物理性が悪い土に果菜類を定植すると、根の伸びが悪く、生育がグズつき、待ってましたとばかりにアブラムシが発生します。

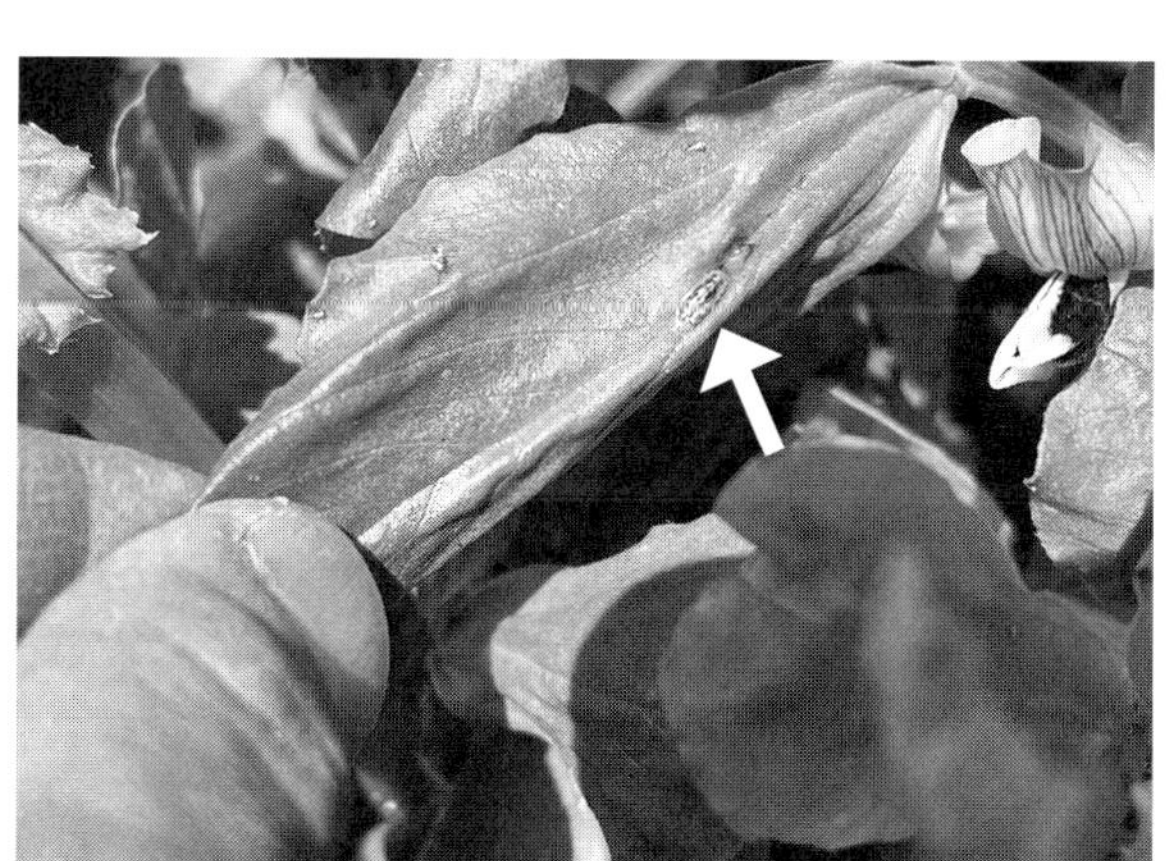

ソラマメの葉に付いた天敵のヒラタアブの幼虫（矢印）

エンバクでナスの植え傷みが回復

借りた畑で、ナスを5月上旬に定植。通路のエンバクは4月下旬に播種して、6月11日に一度刈り、その後、再生。土がかたかったため、ナスは初期生育が悪く、葉色が薄くなったが、エンバクの根穴の効果で回復した

そのような場合、果菜類の定植よりも前に、通路にエンバクを播種して、40～50㎝の高さまで育てます。すると、ウネの中にも根が入っていき、グズついている果菜類の根のあたりまで伸びます。このタイミングで、エンバクを10㎝の高さに刈り込み、敷き草にします。すると、ムギの根がつくった根成孔隙を果菜類の根が利用して、生育が回復してきます。エンバクは果菜類の根を伸ばすための、サポート・ガイド役として利用します。

敷き草は土壌表面を保護し、下にはトビムシなどの土壌動物が増加し、土壌表面が団粒化していきます。もちろん、バンカープランツの効果もあるので、多少のアブラムシやダニなどは天敵が駆逐してくれます。

ソルゴー

障壁作物も畑にすき込む

畑の周辺に障壁としてソルゴーを育てた場合、作付けが長期間にわたるため、4ｍ以上に生育します。生重換算で10ａ当たり十数ｔになります。少し手間ですが、果菜類を片付けるときにソルゴーを刈り倒し、畑の中に入れてすき込むか、モアで粉砕してからばらまくかすると、大量の有機物を畑に還元することができます。特にナスやピーマンなどは、作物残渣が少ないので、粗大有機物の補給にもなります。

今のところ、主にイネ科の緑肥を活用していますが、マメ科など様々な緑肥と組み合わせることで、さらに利用の幅が広がるかもしれませんね。いろいろと試してみてください。

（神奈川県平塚市・㈱いかす）

通路にイネ科を播いて、土を自然に耕す

島根●中尾佳貴

6月ころ、通路にエンバク、ウネにピーマンが植わっている

病気の原因は通路にある!?

「土を裸にしない」。これは自然農を実践するうえで重要な教えの一つである。自然農ではなくても、微生物を大事にする人の多くはこの教えの通りに、「ウネの上」を草マルチやワラマルチで覆っていることだろう。しかしじつは、ウネの上だけでなく、「通路」の土を裸にしないことも重要なのだ。

それはなぜか？　答えはシンプル。野菜にとっては、ウネの上も通路も同じ大地だからだ。そこに本来、境目はない。

実際に、野菜の根は通路のほうまで伸びていく。もしそこで通路の土がかたく締まっていたら、空気がなく水はけも悪いために病気になる。野菜の病気の約8割は、フザリウム菌などの湿気を好むカビ菌だ。通路の排水が詰まっていれば、晴れでも雨でも、常に水はけが悪いせいで病気になってしまう。梅雨や台風によって病気や虫食いが発生する理由が、じつは通路にあることも多い。自然農にチャレンジしているのに、なかなかうまくいかない……という人は共通して通路に気を配っていない。

通路に緑肥を播く

そこでオススメなのが、通路に緑肥を播くことである。特に、自然農を始めたばかりの畑やかたく締まっている

著者（35歳）。パーマカルチャーに自然農を取り入れながら野菜を自給する。また、その講師として全国を飛び回る

畑には、イネ科のライムギやソルゴーがいい。条件がよければ根が1m以上深くまで耕してくれる。耕盤層がなければ、イネ科の中では根が浅めのエンバクでも十分だ。前年や秋冬野菜にネコブセンチュウの被害があった場合、エンバクはセンチュウの忌避効果を発揮してくれる。

ウネと違って通路はよく人が通るため、土がかたく締まりやすい。そこで、踏圧に強いイネ科の緑肥だ。踏まれるたびに地上部が分けつし、地下部の根は新しい根を増やして、締まった土を勝手にどんどん耕してくれる。こうして植物の力を利用して耕すことを「自然耕」という。

通路が常に耕され水はけがよくなると、乾燥が好きなトマトや、うどんこ病が発生しやすいウリ科野菜なども、弱ることなく長生きする。これから始まる梅雨時の病気対策にもなる。

益虫のすみかにも

通路の緑肥に期待できる効果はほかにもある。バンカープランツとして害虫を引きつけて、多くの益虫を呼び寄せるのだ。私たちが畑をいちいち見回らなくても、益虫たちが通路とウネを行き来してパトロールをしてくれる。自然農では虫を敵としないだけではなく、仲間として招き入れもする。

緑肥が大きくなると風通しが悪くなるので、高さ10～20cmに抑えるように草刈り機などで管理する。刈り取った草はウネの上で草マルチとして利用してもいいし、通路にそのまま置いておいても構わない。通路に枯れ草を敷いておくと、ここにも益虫がすみ着くうえ、分解が進めば追肥のような効果にもなる。緑肥の地下部は新しい根が増えるたびに古い根が枯れて、土中生物のエサとなる。こうして茎葉や根が虫や微生物たちに分解され、団粒構造のよい土になる。わざわざ人間が有機物を入れて耕したりする必要はない。

11月までキュウリがとれる

緑肥によって通路も豊かな土になれば、追肥のような効果が生まれて秋の終わりまで夏野菜が収穫できる。特にウリ科野菜は長生きし、短命作物であるキュウリや熱帯野菜のゴーヤーなども、11月頭まで十分に収穫可能だ。ナスやピーマンなどのナス科野菜も、追肥いらずで夏の終わりから一気に回復

秋にエンバクをドーナツ状に播いた畑に、春にナスを定植。株元は新聞とくん炭でマルチした（5月下旬撮影）。エンバクは活着まで風よけになる

苗が活着してからエンバクを刈り取って草をマルチに利用した。新聞とくん炭はその下に埋まる

通路にはイネ科の緑肥を播く

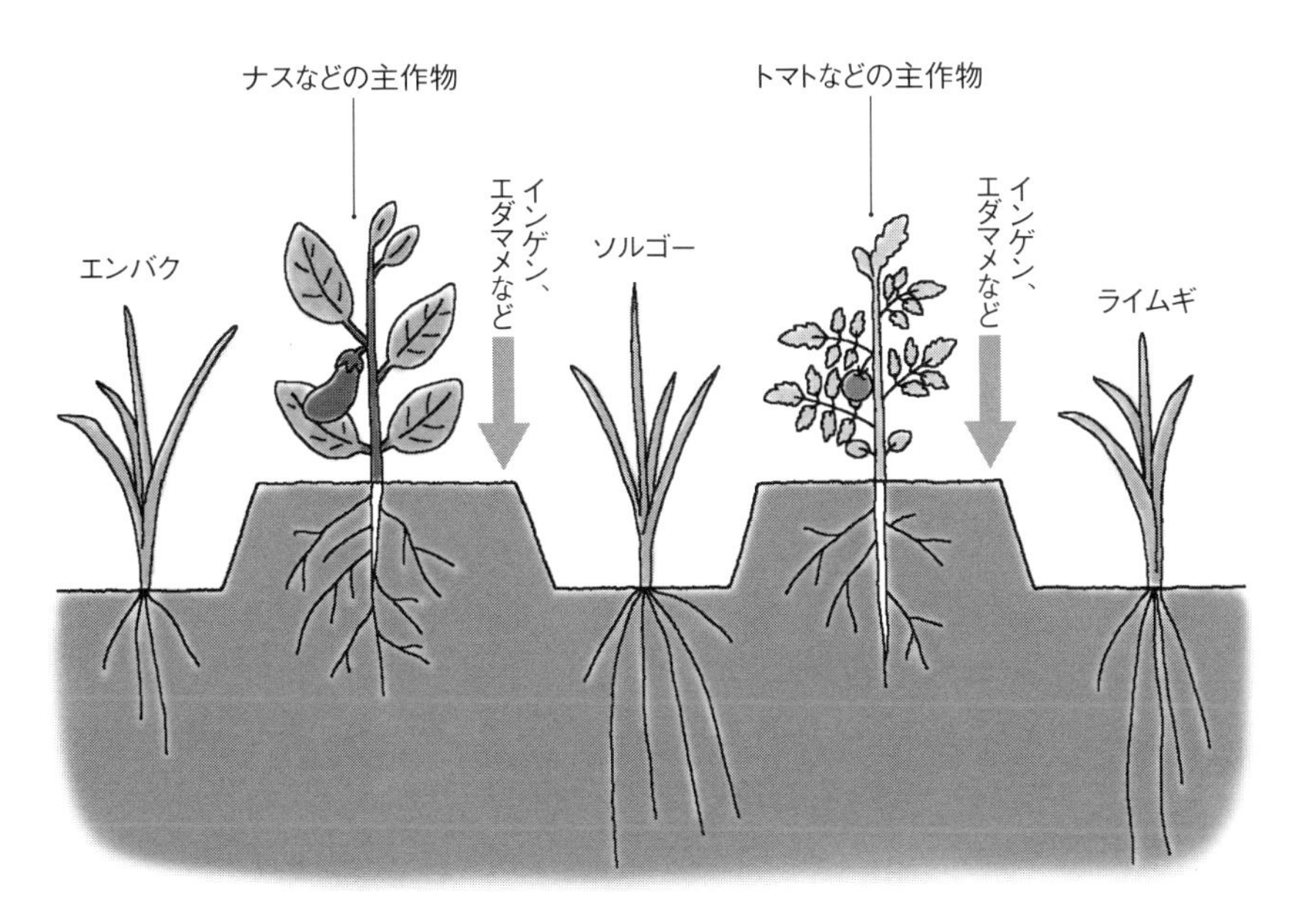

ソルゴーやライムギは茎がかたく手で刈り取るのが大変なので、基本的にはエンバクを播く。ウネの肩にはマメ科緑肥やコンパニオンプランツを兼ねるエダマメやインゲンを植える。クローバなどのように畑を湿気させることなくチッソを固定し、食べることもできる

して実を結ぶ。慣行栽培では追肥として化成肥料を、有機栽培では有機堆肥などを通路に播いているが、自然農ではイネ科の緑肥がゆっくりと分解されて追肥代わりに効く。

土を豊かにする緑肥といえば、チッソ固定菌と共生するマメ科植物もいいが、マメ科植物は踏圧にあまり強くない。シロツメクサなどは踏圧に耐えられるが、繁茂すると土が湿気やすくなるので通路にはあまりオススメしない。

ウネと通路はつながっている

最初に述べたように、ウネと通路を分けて考えているのは人間だけである。野菜にとっても、虫にとっても、微生物にとっても、ウネと通路にはっきりとした境目はなく、すべてがつながっている。もちろん、空気や水だって同じことだ。

日本の文化は「間」を大切にする文化だといわれている。農業界ではこの通路のことを「ウネ間」と呼ぶ。また、一般的な緑肥の使い方は輪作であり、メインとなる野菜の「合間」をつなぐ。そして、メインの野菜の隙間に植えることを「間作」という。間は余計なものでもなければ、いらないものでもない。

この間に生物多様性を生み出すことが、自然農を成功させる秘訣である。自然農では、野菜をつくるのは人間ではなく土であり、畑である。つまり、野菜をつくるのではなく畑をつくる。野菜にとってイキイキと生長する場を整えるのが野良仕事なのだ。

緑肥は速効性をあまり感じられなくても、あとからじわじわとその効果を発揮する。その効果が少しずつ積み重なると少しずつ生物多様性が回復し、少しずつ野菜の収量が増えてくる。小さなゆっくりとした解決策が、一番持続可能な方法である。

（島根県大田市）

ウネと通路を1作ごとに入れ替え

菌根菌と根粒菌がじゃんじゃん殖える輪作畑

広島●森 昭暢

ジャガイモ畑。通路に雑草を生やして緑肥に。ホトケノザやハキダメギクが生える肥沃な圃場

　私は、大学や大学院で土壌微生物を専攻、屋上の緑化やビオトープなどの仕事に携わっていましたが、食べ物と将来の暮らしへの疑問が生じて2011年に新規就農しました。

　人と生態系の調和するアグロエコロジー的有機農業を目指して、地域で循環する資源・エネルギー・タネなどを利用した作物生産をし、農業体験参加者や福祉作業所の利用者など多様な方との共同活動にも取り組んでいます。

雑草と太陽は無限の資源

　作物生産における一番のこだわりは土づくりです。自然のしくみを最大限に活かすことのできる無限の資源は何だろうと、考えに考えて行きついたのが、雑草と太陽光でした。地球上のあらゆる有機物は、元をたどれば太陽光から生まれています。その光エネルギーを地球上で利用できるカタチ（有機物）にできるのは、植物です。雑草や緑肥を通じて太陽エネルギーを圃場内に取り込み、物質循環を介してそのエネルギーを循環させていくことができれば、圃場生態系を豊かな方向に導くことができ、地力もアップするのではと考えました。

　まず、新たに栽培を始める農地では、雑草や緑肥を育て、その生育診断で土壌状況を推察します。雑草の種類（多様性）、草丈、葉色、大きさを指標とし、およその栄養状態から土壌の養分量、物理性などの地力を診断します。

　たとえば、イネ科とマメ科の他に多様な雑草が生える土壌は総合的に地力が高い、雑草の種類が少なく草丈の低いイネ科が優先する土壌は総合的に地力が低い、スギナやオオバコがよく生える土壌は酸性が強い、草丈が低いエノコログサが生える土壌は作土が浅い、ホトケノザの肥料切れが早い土壌は栄養バランスが崩れている、などです。

作付け前に緑肥で地力アップ

そして、生育診断と併せて土壌診断（化学性分析、土壌断面調査など）を行ない、地力があると判断した土壌では、作物栽培をスタートします。一方、雑草や緑肥の生育がよくなかった圃場は、緑肥を活用しての土づくりを進めていきます。

このとき重要なのは、地力が低い土壌ほど、イネ科→マメ科→その他の科（キク科など）の順に緑肥を導入していくことです。農地における雑草の植生遷移は、自然界における草本（イネ科など）～低木（マメ科など）の植生遷移と、非常に似ています。農地においても自然界と同じような土壌の成熟過程があり、その過程に応じて優先できる植物があるものと考えています。

実際に、イネ科緑肥が旺盛に育つ土壌では、マメ科緑肥も十分に育ちます。イネ科やマメ科が旺盛に育つ土壌では、そのほかの緑肥も十分に育ちます。そして、緑肥作物の生育がよくなった時点を作物栽培に切り替える判断ポイントとします。

「ウネと通路で3-3式輪作」のしくみ

ウネでの栽培作物が３作、通路での雑草・緑肥づくりが３作の計６作を１サイクルとする輪作。６作の中に必ず１回はイネ科とマメ科の植物を組み込むことで、ＡＭ菌や根粒菌の力を借りた土づくりが可能になる。

ウネと通路を１作ごとに入れ替え

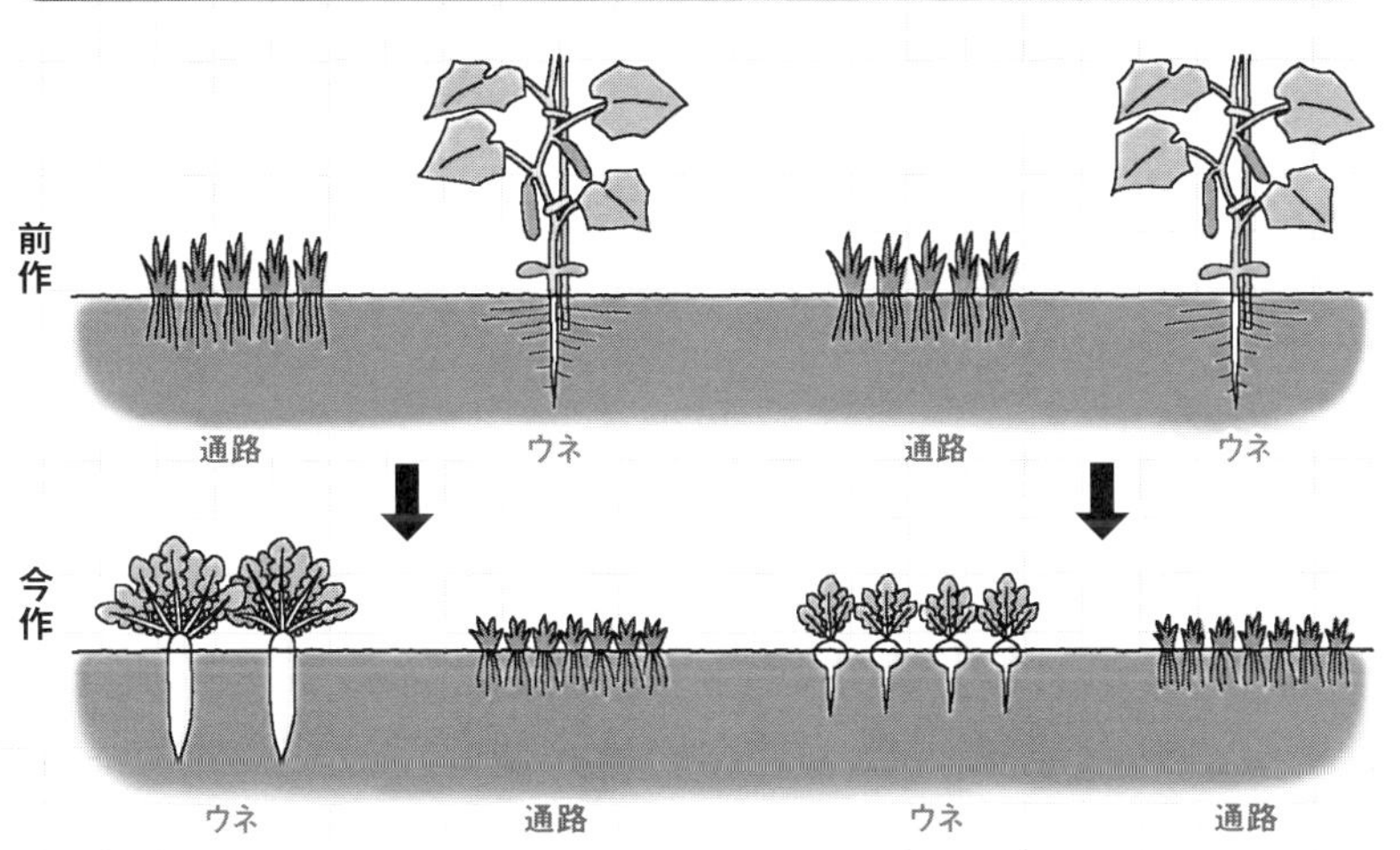

ウネと通路の幅はともに1m。前作で使ったウネ（「栽培」部分）は今作で通路とし、前作の通路は今作のウネに切り替える

他の科の作物を栽培する場合

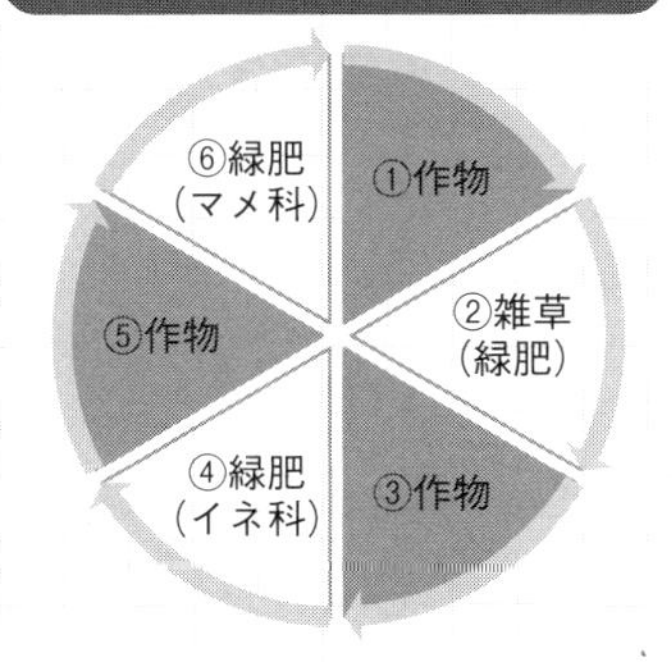

通路にしたときにイネ科やマメ科の緑肥を必ず播く。イネ科とマメ科を混播してもよい

イネ科やマメ科の作物を栽培する場合

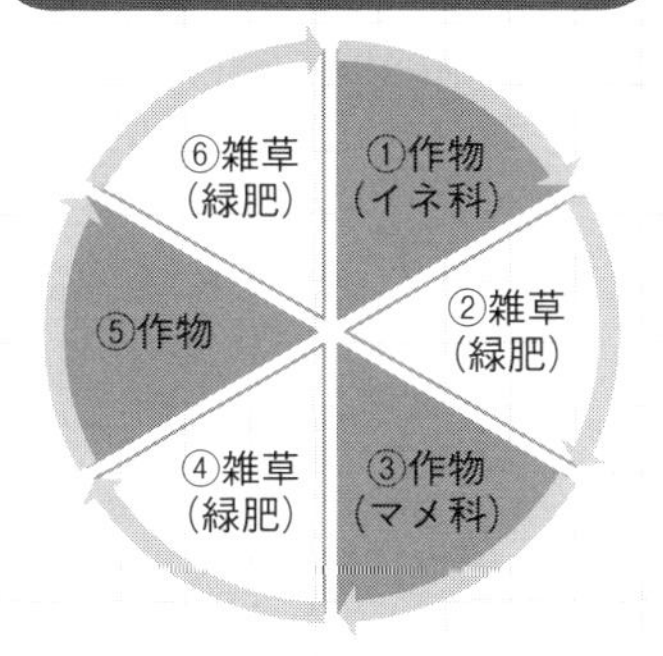

■：ウネ　□：通路

通路にしたときの雑草や緑肥はイネ科、マメ科以外のものでもOK

私の場合、雑草や緑肥のみでの土づくりは最短で半年、最長で4年を要したことがあります。それでも、植物のチカラで土壌有機物を増やして土づくりをすることが、総合的な地力アップの一番の近道であると考えています。雑草や緑肥がのびのびと育つくらい地力をアップさせてから作付けを開始することで、大きな失敗もなく、それが生産・経営の安定化に繋がっていると考えています。

ウネと通路で交互に作付け

実際の作物栽培においては、作物を優先させる「栽培」部分（ウネ）と、雑草や緑肥を優先させる「通路」部分を区分けし、それぞれ1mずつ交互に設けるパターンを作付けの基本型とする草生栽培（リビングマルチ）を行なっています。次作は、「栽培」部分と「通路」部分を入れ替える（中心を1mずらす）ことで、雑草・緑肥による継続的な土づくりが可能となります。

さらには、ウネ3作・通路3作の間で少なくとも1回はイネ科およびマメ科の作物または緑肥を組み込んでいます（「3－3式輪作」）。イネ科作物は土地を選ばず育ちやすく、根量が多く、多量の有機物を土に還元できるために、菌根菌をはじめとした様々な土壌微生物の増殖が期待できます。

この輪作体系なら、アブラナ科などの作目を連続して植えても、通路にイネ科やマメ科を組み込めばよく、品目選択の自由度が高まります。それでいて、腐植（可給態チッソ）が増え、有用微生物も殖えて、総合的な地力アップも同時にできます。

微生物の数と種類が圧倒的

施肥は土壌診断の結果に基づき、土壌成分（特にミネラル類）のバランスをとるように試みています。肥料は米ヌカ、ナタネ油粕、ゴマ油粕、オカラ、鉱物ミネラルなど、可能な限り地域の食品副産物を利用しています。

追肥はこれらを組み合わせた自家製ボカシなどを使い、元肥は最小限で追肥に重点をおくようにしています。チッソやリンが不足する土壌環境で、作物の根をしっかり張らせ、微生物との共生関係を構築することを目指します。

当農園では、露地栽培では無かん水、雨よけハウス栽培では定植後や播種後に1回のかん水のみです。作物は、施肥やかん水のタイミングで養水分を吸収するのではなく、必要な時に必要なだけ養水分を吸収しており、自立しているように見えます。

また、作物は葉色が少し淡い緑色になりますが、一般栽培と同様のサイズに育ちます。収量は、同じか1～2割程度下回りますが、エグみがなく優しい味で香りがある農産物が得られます。このようにして栽培された農産物は、日持ちもよいのが特徴です。

昨夏の露地栽培ピーマンでは、標準の半分以下の施肥量で、11月まで出荷が可能となりました。収量は、長期どりとなったことで、地域の標準と同程度となりました。

この地域では9月の下旬から干ばつが続き、さらには10月の下旬からは霜が降りる日があり、黒アザ果の発生が多発していました。しかし、当農園のものは黒アザ果の発生が少なく、見学に来られた広島県の普及指導員の方々も驚かれていました。

（広島県東広島市）

イネ科とマメ科の混播

イネ科&マメ科の混播でわかること

●唐澤敏彦

緑肥は、1種類を播種する「単播」での利用が多い一方、2種類以上を一緒に播種する「混播」で栽培することもあります。

収穫を目的とする作物（緑肥以外の作物）では、複数種の混植により病害虫が減ったり、生育がよくなったりする事例も知られていますが、収穫や機械作業、農薬散布などが難しくなるため、導入場面は限られます。一方、農薬の散布機会が少なく、機械で同時にすき込む緑肥は、混播（混植）に取り組みやすいと思います。

混播のメリット、デメリット

複数種の緑肥を混播する利点には、越冬性の改善、バイオマス量の増加、雑草抑制効果の向上、土壌への適応性の向上などがあります。越冬性の改善は、片方が風よけになる、一方の生育が悪くてももう一方の生育がよければ有機物を確保できるといった現象に期待できます。バイオマス量の増加は、つる性の緑肥が直立性の緑肥にからまって這い上がり受光態勢がよくなる、マメ科とイネ科の組み合わせで根粒活性が高まるなどの原因が考えられます。混播で肥料効果の発現を調整できる可能性もあります（後出）。

混播にはデメリットもあります。種子コストが増えるほか、種子の大きさが異なる場合、均一な播種が難しくなります。それぞれの緑肥の生育割合が変わることで、肥料効果や土づくり効果が変動する可能性もあります。また、センチュウを減らすための対抗植物にする場合、他の緑肥と混播すると、効果が十分に発揮できなくなることもあります。

緑肥の優占度で地力ムラがわかる

単播と比べ、混播したほうが緑肥の生育が良好になる事例があります（110ページ写真）。

また、緑肥は種類によって生育に適した土壌条件や気象条件が異なるため、混播すると環境条件でそれぞれの生育割合が変わることがあります。飼料用としてマメ科とイネ科を混播した牧草地では、チッソ施肥でマメ科の比率が年々少なくなるのに対して、無チッソではマメ科の比率が高くなります。無リン酸や無カリでは、三要素区より早くマメ科が消失します。緑肥の混播でも、土壌中のチッソが多い場合にはイネ科、少ない場合にはマメ科が優占するというように、土壌条件を反映します。

近年は農地の規模拡大や均平化が新たな地力ムラを生じさせているので、その状況を知ることが重要になっています。借りた農地で栽培を始める際にも、圃場の状況把握が必要です。有機栽培への転換期間中の緑肥栽培など、

混播区はウネごとにソルガム（ソルゴー）とクロタラリアを交互に播種。理由ははっきりわからないが、単播区よりもクロタラリアの生育がよくなった

緑肥の新たな利用も増えつつあります。

混播した緑肥の優占度が土壌条件で異なることを利用すれば、圃場内の土壌肥沃度や地力の分布を把握できるかもしれません。それを次の作物栽培に活かせるようになると思います。

チッソ無機化率と炭素残存率

緑肥は、減肥に役立つ肥料としての効果と、土壌に有機物を蓄積する土づくりの効果を併せ持ちます。一般に、土壌中で分解しやすいマメ科緑肥などは肥料効果が大きい一方で、土づくり効果は大きくありません。反対に、分解しにくいイネ科などは、土づくり効果が大きいと考えられます。

こうした2種類の緑肥を混播すると、効果は両者の中間になります。具体的には、混播するとマメ科だけよりもチッソの無機化がゆっくりになり（図1）、土壌に蓄積する炭素は多くなります（図2）。効果は、マメ科が優占するとマメ科寄りに、イネ科が優占すればイネ科に近くなると考えられます。

このように混播した緑肥の効果は、環境条件や生育割合によって変わる可能性があります。一方でギニアグラ

図1　混播すき込み後のチッソ無機化率

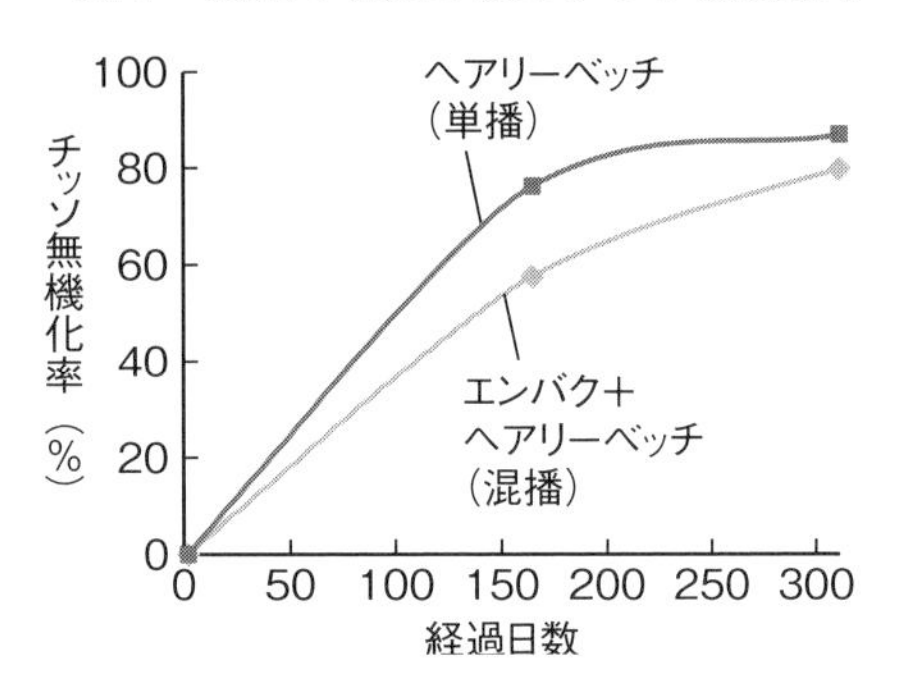

混播の播種量は10a当たりエンバク7kg＋ヘアリーベッチ3kg。場所は北海道、すき込んだ日は2016年11月11日。混播すると、チッソがゆっくり効く

図2　混播すき込み後の炭素残存率

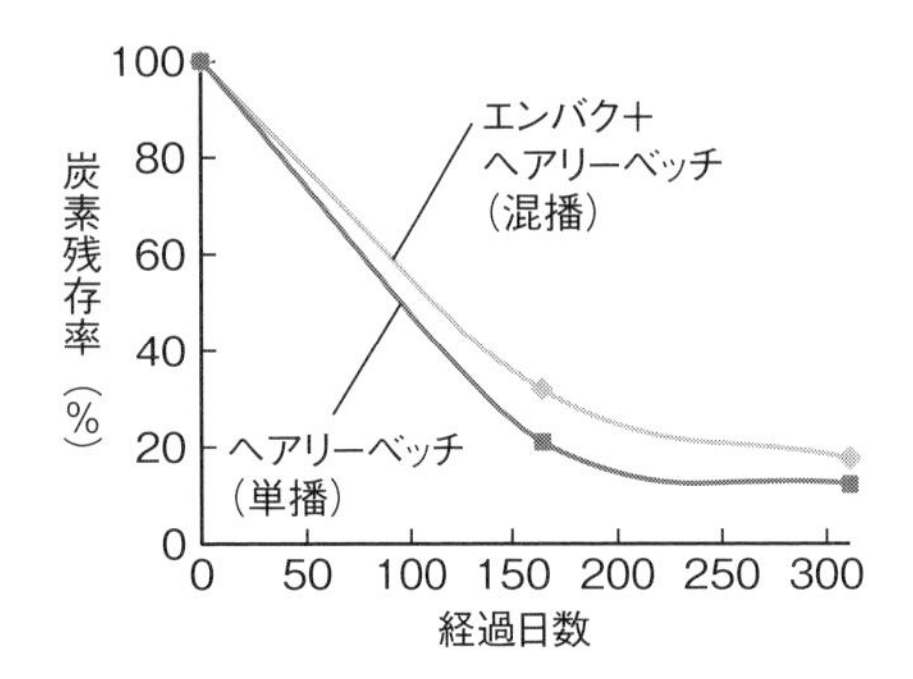

条件は図1と同じ。混播すると、炭素が多く残る

スとクロタラリアは、単作ではC／N比の年次変動が大きかったのに対して、混播では小さかったと報告されており、単播よりも混播で効果が安定する場合もありそうです。

チッソが多いとイネ科、少ないとマメ科

最適な播種量は緑肥ごとに違い、種苗会社のカタログなどには、単播するときに推奨される量が書かれています。混播の場合は、それぞれ単播するときの最適量、あるいは半量ずつを播種しても、どちらかが優占しすぎて、うまくいかないことがあります。2種類をブレンドした混播用の種子も販売されているので、その比率を参考に量を決めてください。種子を均一に混ぜ、丁寧に播種することも重要です。

混播した緑肥での土壌診断は今後の研究開発が必要ですが、マメ科が優占するところはチッソが低く、イネ科が優占するところはチッソが多いか、リン酸やカリが不足している可能性があります。

イネ科が優占したところでは、チッソ肥沃度が高い可能性があるものの、緑肥由来の養分供給は少ない。マメ科が優占したところでは、チッソ肥沃度が低い可能性があるものの、緑肥の肥料効果は高い。これらに留意して、次の作物の施肥などを考えるとよいと思います。肥料のムダを省けるかもしれません。

（農研機構中日本農業研究センター）

エンバクとヘアリーベッチの混播

直立しているのがエンバクで、地面を這っているのがヘアリーベッチ。目的に応じて播種量の比率を変える

10ａ当たりエンバク7kg＋ヘアリーベッチ3kg
↓
エンバク（イネ科）の土づくり効果に期待

10ａ当たりエンバク3kg＋ヘアリーベッチ5kg
↓
ヘアリーベッチ（マメ科）の肥料効果に期待

＊p110 ～ 111の図と写真は『緑肥利用マニュアル、2020』より

タマネギで30%の減肥が可能

●宮本拓磨

エンバクがヘアリーベッチの支柱代わりに

緑肥は土壌の有機物補給や物理性改善など、様々な効果が期待でき、化学肥料の高騰によってますます注目が集まっています。緑肥の利用は、1種類のみを播種する「単播」が一般的ですが、2種類以上を同時に播種する「混播」も可能です。

代表的な例として、ヘアリーベッチとエンバクの混播があげられます。ヘアリーベッチはマメ科の作物で、すき込むとチッソ肥料効果が期待できますが、北海道ではお盆以降の気温低下に伴い、地域や播種時期によって十分に生育しない場合もあります。そこで、イネ科のエンバクと併せて播けば、エンバクを支柱代わりにヘアリーベッチが上へと生育し、単播よりも収量を確保できます。

単播と混播を比較

弊社では農林水産省委託プロジェクト「生産コストの削減に向けた有機質資材の活用技術の開発」において、緑肥利用による減肥の可能性を検証するために、北海道内のタマネギ栽培圃場で5試験を実施しました。

北海道のタマネギ栽培では、近年、施肥量は減少傾向にありますが、緑肥や堆肥などの有機質資材を施用した際も、通常通りの施肥をしている事例が見られます。そこで、マメ科緑肥の減肥効果を明らかにするために、(1)慣行区:緑肥無栽培、(2)単播区:ヘアリーベッチ単播、(3)混播区:ヘアリーベッチとエンバクの混播の3区の試験結果を評価しました(表1)。なお、減肥量は慣行施肥量を100%とし、NPK(チッソ・リン酸・カリ)で20%または30%の減肥区を設けました。

乾物収量と養分吸収量が増す

本試験では天候による影響もあり、8月下旬~9月中旬に緑肥を播種しました。ヘアリーベッチの収量は単播区よりも混播区が少なくなりましたが、総体乾物収量(緑肥全体の乾物収量)はいずれの試験でも混播区のほうが多く、平均値でも多くなりました(表2)。また、総体養分吸収量(緑肥中の養分量)も、混播区のほうが多いことがわかりました。これは緑肥の播種期が遅くなった場合や、緑肥の栽培時期が低温期にあたる場合に特に顕著でした。

北海道では夏以降、緑肥の播種時期が遅れるほど、生育が緩慢になります。そのため、タマネギの極早生品種および早生品種の栽培圃場で緑肥を利用すれば、生育量を確保できます。

減肥しても増収

緑肥栽培後のタマネギの収量は、30%の減肥をした場合でも単播区は平均で慣行区と同等となり、混播区では5試験平均で約2%増加しました(表3)。

このことから、タマネギ連作圃場で

緑肥を栽培した際は、30％の減肥が可能であることが明らかになりました。また、混播区では有機物供給量が多くなるので、単播区に比べて減肥効果が高かったと考えられます。

（雪印種苗㈱北海道研究農場）

表1　試験の条件

	作物「品種」	播種量（kg /10a）
慣行区	無栽培	
ヘアリーベッチ単播区	ヘアリーベッチ「まめ助」	5
混播区	ヘアリーベッチ「まめ助」	3
	エンバク「スワン」	7

表2　タマネギ後作緑肥の生育と養分吸収量（2016～2018年）

処理区	ヘアリーベッチ	エンバク	ヘアリーベッチ		エンバク		総体乾物収量 kg /10a	総体養分吸収量（kg /10a）		
	草丈 cm	草丈 cm	生収量 kg /10a	乾物収量 kg /10a	生収量 kg /10a	乾物収量 kg /10a		N	P	K
ヘアリーベッチ単播区	25	－	646	81	－	－	81	3.9	0.5	3.4
混播区	28	51	166	17	1,106	141	**158**	**5.4**	**0.9**	**7.2**

値は5試験の平均値。混播区は総体乾物収量と総体養分吸収量（チッソ、リン酸、カリ）が多い

表3　緑肥すき込み後のタマネギの収量性（2017～2019年）

試験年度	試験場所	慣行区	減肥処理区	ヘアリーベッチ単播区		混播区	
		規格内収量 kg /10a		規格内収量 kg /10a	慣行区対比	規格内収量 kg /10a	慣行区対比
2017	夕張郡長沼町	6,210	20％減肥	6,550	105	5,570	90
2017	夕張郡由仁町	5,290	30％減肥	5,710	108	5,980	113
			20％減肥	4,720	89	4,840	91
2018	夕張郡由仁町	7,060	30％減肥	6,860	97	6,380	90
			20％減肥	6,570	93	6,570	93
2018	北見市	5,200	30％減肥＋堆肥50％減肥	4,640	89	5,140	99
			30％減肥＋堆肥無施肥	5,360	103	5,340	103
2019	北見市	5,720	30％減肥＋堆肥50％減肥	5,120	90	5,860	103
			30％減肥＋堆肥無施肥	6,260	110	5,930	104
			化成肥料30％減肥区平均		**100**		**102**

慣行区の施肥量は生産者慣行量。平均すると、混播区では化成肥料を30％減らしても、収量が落ちないどころか、少し増える

イネ科とマメ科は3対1 チッソもミネラルも多様な緑肥の恩恵

宮崎●佐藤貴紀

宮崎市田野町で有機農業を営み、根菜を中心に作付けしています。緑肥は「炭素供給」「微生物のエサ補給」を主な目的として導入しました。省力、省エネ、省コストで畑の物理性、生物性をよくしてくれる緑肥は、就農したてで金銭的余裕も技術もない私たちにはうってつけでした。

現在も作物を収穫し終えたら、緑肥を播き、畑の土を裸にしないようにしています。最近は土づくり効果と肥料効果のバランスを考えて、イネ科とマメ科をだいたい3対1の割合で混播しています。

[野生種エンバク+ヘアリーベッチ] サツマイモの品質アップをねらう

昨年、サツマイモ収穫後の11月下旬に、野生種エンバク（アウェナストリゴサ）のニューオーツとヘアリーベッチを同時に播きました。今年の4月中旬にチョッパーで粉砕し、すき込み、その後、3回耕起して分解を促し、6月に再度サツマイモを植え付けました。

いつもは野生種エンバクだけで輪作していましたが、3年前、キクイモの作付け前に混播を試して質のいいものができたので、サツマイモでも実施してみたのです。「柳の下のドジョウ」かもしれませんが、品質向上を期待しています。今のところ、サツマイモの生育は順調です。

[ソルゴー+クロタラリア] ダイコンがよく太る

ダイコンやキクイモの収穫後には、初夏播きのソルゴーとクロタラリアを混播しています。すき込み時期は8月中旬です。

それまではイネ科緑肥だけでしたが、だんだんダイコンの収量が落ちてきました。品質と収量の向上を目的に、マメ科のクロタラリアを加えたところ、ダイコンの太りがよくなった実感があります。

筆者（48歳）。約2.5haで有機栽培

それぞれ吸収するミネラルが違う

マメ科はイネ科に比べてミネラル含有率（カルシウムやマグネシウムなど）が高いそうです。緑肥は種類によ

［野生種エンバク＋ヘアリーベッチ］

品種は野生種エンバク「ニューオーツ」（カネコ）とヘアリーベッチ「ナモイ」（タキイなど）。播種量（10a）はエンバク7kg、ヘアリーベッチ2kg。紫の花が咲いているのがベッチで、エンバクにからまって這い上がり、旺盛に育つ。

［ソルゴー＋クロタラリア］

品種はソルゴー「テキサスグリーン」（雪印）とクロタラリア「ネマコロリ」（雪印）。播種量（10a）はソルゴー3.5kg、クロタラリア1.5kg。どちらも草丈は同じくらい。

って、選択的にミネラルを吸収する特性があるらしく、そういった植物の多様性の恩恵を少しでも受けたいという意図もあります。

また、イネ科のムギネ酸による鉄吸収、マメ科の根粒菌によるチッソ固定なども土壌改善に役立ってくれればと考えています。

（宮崎県宮崎市）

混播した緑肥の「じゅうたん」で地温が上がる、肥料が減る

北海道●上田桃子

就農して緑肥に目覚める

2005年秋、北海道に脱サラ移住。06年春よりパートナーと「ウエダオーチャード」を立ち上げ、現在にいたります。作付け品目と面積は、4・2aのハウス8棟でメロン、2・1aの露地トンネル4本で小玉スイカです。

最初に篤農家のもとで働いて、その方がメロン栽培の後作と間作で緑肥を混播していたこと、また、「ふらの土の会」に参加して、そこで知った種苗会社の講習会に出席し、米倉賢一先生のヘアリーベッチに関するお話や論

メロンの手入れをする筆者（47歳）。「土づくりマスター」の資格を持っている

文に触れたことなどがきっかけで、緑肥に興味を持ちました。なお、「ふらの土の会」は「全国土の会」の支部で、各農家の土壌分析をして、その結果から施肥のアドバイスを受けたり、土壌について学んだりする集いです。東京農業大学名誉教授の後藤逸男先生にご指導いただいています。

混播で生育も分解もスピードアップ

現在、私たちはどの圃場でも緑肥を混播しています。ハウスではメロンをつくり、栽培期間以外はビニール屋根をはずしているのですが、初秋から雪解け時期以降まで生育してくれる越冬性のライムギとヘアリーベッチを選択しています。露地では、畑を休ませながら、小玉スイカと緑肥を輪作。ソルゴーに加え、炭素量を確保でき、生育が旺盛で地面をカバーしてくれる赤クローバを混播しています。ソルゴーを出穂前に刈り込んだあとは、赤クローバが優勢になります。

いずれの緑肥も、北海道富良野市は冬場の気温がマイナス25℃にも達する寒冷地なので、9月上旬までに播種しないと積雪前までに適切な大きさに育ちません。播種時期を選べないのが実情です。作物を栽培したあとの残渣を乾かし、後片付けがすんでから播くようにしています。

また、分解する期間と地温を十分に確保できないので、地中にすき込むまでにモアでなるべく細かく粉砕するようにしています。露地の緑肥をすき込

ハウス・メロンの後作

[ライムギ＋ヘアリーベッチ]

越冬したライムギとヘアリーベッチ

播種量（10a）はライムギ「ふゆ緑」（ホクレン）14kg、ヘアリーベッチ「寒太郎」（雪印）5kg。9月上旬に播種し、3月中旬～5月下旬（メロンの定植2週間前）に順次すき込む。

露地・スイカの間作、休作

[ソルゴー＋赤クローバ]

ソルゴーを刈ったあと、地面を覆う赤クローバ

播種量（10a）はソルゴー「つちたろう」（雪印）6kg、赤クローバ「メジウム」（雪印）2kg。6月上旬に播種し、8月下旬、ソルゴーのタネが落ちないように、出穂前にモアで高めに刈り、10月上旬、赤クローバと共にすき込む。

3月上旬、外は雪が積もっているが、ハウス内は緑肥が芽吹いている

むのは、できることなら春まで待ちたいところですが、補助金の制度で栽培期間が決められているため、秋にすき込んでいます。

緑肥を混播する目的は、マメ科の根粒菌によるチッソ固定で、イネ科の生育を促すことと、すき込み後の分解を早めることです。加えて、圃場が砂がちな褐色森林土のため、多様な緑肥を栽培することで、もともとの植生や土壌微生物が生き残りうる可能性を模索しています。

圧巻！　雪景色の中に緑のじゅうたん

緑肥を導入したのは、長期的にはＣＥＣ（保肥力）の向上をねらっていたからです。各年ごとには、「作土中のチッソをホールドして、融雪水に溶け出すのを抑える」「裸地を覆って太陽光線を遮り、チッソ成分が大気中に揮散するのを防ぐ」「炭素量を確保する」などが当初の目的でした。

実際に緑肥を栽培してみると、春先に特にその効果を実感します。私たちは、まだ積雪のある時期からメロンのハウスに屋根をかけて中の雪を先に解かし、いかに速やかに地温を確保するかに注力しています。春先、雪の下で枯れた緑肥のシートから新芽が萌えだして、雪景色の中に緑のじゅうたんができる様子は圧巻です。そのじゅうたんが土壌中の水分をより多く蒸散してくれたり、クモをはじめたくさんの生物が活動してくれたりして、地温の上昇を早めてくれているようです。おそらく、冬の始まりから作土が冷やされる度合いが穏やかになり、雪の下でも緑肥の根が息づいているので、冬場の最低地温のボトム（底）が上がっているのではないでしょうか。あいにく、私は数値を計測してデータにしたり、施用区と対照区を設けて比較したりはしていませんが、そのように感じています。

メロンの場合、春先に施す元肥がとても少ない量ですみ（10ａ当たりチッソ成分で４kg、新畑は８kg）、追肥もなく、病気や虫の害をわりと少なく抑えられています。小玉スイカは数年に一度わずかに施すマグネシウム肥料のみでつくり続けています。有機ＪＡＳ認証の規格に合う条件で栽培しています。

（北海道富良野市）

緑肥を短いまま
すき込む

野生種エンバク＋ヘアリーベッチ

緑肥は短くていいんだよ

北海道●横山琢磨さん、山川良一さん

あっという間のすき込み作業

遠目には、緑肥が播かれているとはわからないくらいだ。野生種エンバク（アウェナストリゴサ）のヘイオーツとヘアリーベッチを混播したという畑だが、その丈はまだ芝生くらい。

「これくらいでもう十分なんですよ。じゃあ、すき込んでいきますね」

そういってトラクタに乗り込んだのは横山琢磨さん（36歳）。北海道幕別町で小麦やジャガイモ、ビートなど計75haを栽培する若手畑作農家である。以前、月刊誌『現代農業』で畑が土壌流亡に強くなったと紹介してくれた。

その技術の一つが緑肥というから見に来たのに、生育はご覧の通り。密度も薄くて、ヘアリーベッチなんて生えているのかどうかわからないほど。だのにもう、すき込んでしまうという。

すき込むといっても、動き出したトラクタが引っ張るのはディスクハロー。ごく浅く耕すだけだから、人が走るよりも速いスピードで、緑のじゅうたんはあっという間に土と混ざって消えていく。

播けなかった緑肥

作業が速いのはけっこうだが、緑肥で大事なのは有機物の量だ。普通は大きく育てた緑肥を、粉砕してから土中深くにすき込むはず。畑を往復して戻ってきた横山さんに話を聞く。

「うちも前はそんな感じでした。当時はエンバクを約70cmまで育てていたので、チョッパーで粉砕してから、ディスクかけて、最後にプラウですき込んでた。まだ収穫で忙しい時期なのに、時間がかかってかなり大変でしたね」

以前は生育期間を確保するため、真夏に播いて、2カ月後の出穂期にすき込んでいた。北海道の短い夏に、畑を休ませることになるのもネックだった。

「当然、播ける畑は8月上旬に収穫する小麦のあととかに限られますよね」

地上部より長く伸びた根

そんな一般的な緑肥栽培に異を唱えたのが山川良一さん。おなじみ「ヤマカワプログラム」（12年10月号など）の生みの親で、今回の取材にも同行してもらった。

まず、播種は9月以降、たとえばジャガイモの収穫後でもいいと説いた。「生育期間が短くて、緑肥が育たなくてもいいから、とにかく播け」と強く

緑肥のすき込みはディスクハロー１回のみ。時速10kmで走るので1日に30haこなせる（取材と撮影は2021年10月30日）

9月17日に播種したヘアリーベッチとヘイオーツ

アドバイスしたそうだ。北海道の農家でも、それなら播ける。その時期、まだ収穫を迎えていないビートも、ウネ間に緑肥を播くよう指導した。

9月に播いて、すき込むのは10月中下旬（取材は10月30日）。十勝の冬は早く、10月に入ると最低気温が0℃を下回る日もある。その結果、冒頭のように、緑肥はほとんど育たないわけだが――。

掘り出したヘアリーベッチの根。よく伸びている

根粒（白い粒）もちゃんとついている

「地上部だけ見るから、育ってないと思う。掘って根っこを見なさいよ」と山川さん。自らスコップを突き刺して、ヘイオーツを1株掘り出した。根についた土を軽く落とすと、なるほど、確かに長く伸びている。測ってみると、地上部が24㎝なのに対して、根っこは34㎝。なんと、地上部より根のほうが長かった。

「ほらみろ。秋は気温がどんどん下がっていくけど、地温はまだそこまで下がらない。地上部は育たなくても、根っこはどんどん伸びているんだ」

ベッチの根には根粒菌

同じく、混播したヘアリーベッチも掘ってみる。普通は秋播きする場合、越冬させて、生育が旺盛になるのは翌春から。すき込む初夏には、茎は2m以上に伸びるという。

一方、横山さんのヘアリーベッチはまだ弱々しく、地上部はわずか25㎝。しかし掘ってみると、こちらも根っこはそこそこボリュームがあって、よく見れば根粒菌もついている。いっちょ前に、チッソ固定もしていそうだ。

「根が30㎝近く伸びているということ

ヘイオーツも、地上部より根のほうが長く伸びている

左から山川良一さんと横山琢磨さん

は、作物の根域はカバーしてる。根域の土を耕したり、微生物を殖やしたり、緑肥の役割は果たしているわけだ」

土砂降りにも干ばつにも強い畑

イネ科とマメ科を混播するのは、輪作効果をねらうため。根の張り方が違い、根圏につく微生物も異なる。土壌中の微生物相を豊かにするには、混播が一番いいという。

タネはブロキャスでバラ播くが、山川さんの指導では、その播種量がかなり少ない。通常エンバクだけで10a当たり計15kg播くところ、野生種エンバクが3kg、ベッチが1・5～2kg。つまり3分の1でいいという。

「以前は、さあ緑肥播くぞって感じでしたが、今は量が少ないんでサッと播いて終わり。めちゃくちゃラクですよ」

と横山さん。ヤマカワ緑肥は播種もすき込みもあっという間に終わるのだ。

有機物を稼ぐには、もっとたくさん播いたほうがよさそうだが、これにも山川さんの理論がある。曰く、緑肥を密植すると、育つのは地上部だけ（徒長する）。肝心の地下部は育たないという。横山さんも実際に、密植と疎植のエンバクで根を見比べて、納得したうえで播種量を減らしたそうだ。

去年の十勝は、春にはゲリラ豪雨、7月から8月にかけては記録的な高温と干ばつに見舞われた。その中でも横山さんは「無傷とはいわないけど、軽症ですんだ」。ヤマカワ緑肥の効果を再確認した1年になったそうだ。

ローラークリンパーを自作してみた

石川●中野聖太

管理機に取り付けた自作ローラークリンパーで緑肥をなぎ倒す。
ただし、タイミングが早くてまた起き上がってきた

かん水設備がなくて大変

私は就農して7年ほどになります。小さいころから農業をしたいという気持ちがあり、大学院を修了したあとで実家の農業を手伝うようになりました。わが家では主に米とトマトを栽培し共選出荷。いくつか空いている畑があったので、直売所に出そうと3aの圃場でトウモロコシを栽培し始めました。

問題は水やりでした。カチカチの粘土質の圃場で、雨が降ると表面はドロドロになりますが、地下まで水が浸透しません。畑にはかん水設備がないので、ハウスの水を300ℓタンクに入れて軽トラで運び、ホースで株元に手かん水していました。朝夕2回やっても、夏場の高温乾燥でしばしば葉が巻き、水分不足の症状を呈していました。この状態では実がしぼんでしまいます。それに、規模を大きくした場合に手かん水などやっていられないので、何かよい方法はないかと調べてみました。

不耕起と緑肥で貯水量増!?

そのなかで行きついたのが、不耕起と緑肥を用いる方法でした。緑肥を組み合わせることで、団粒構造の形成が促進されて土が肥沃になり、貯水量も増加するそうです。これが事実であれば使えると思い、実験的に不耕起緑肥利用の栽培を始めてみることにしました。

緑肥のタネは秋に播きます。チッソ補充の観点からマメ科のクローバーとヘアリーベッチを、また有機物補充と雑草抑制のためにイネ科のエンバクと

私が自作したローラークリンパー

ローラーが回転して、緑肥の茎が折れ曲がるような機構を作った。
フレームの上に重しを置いて走行

作り方

① 15㎝径の塩ビパイプにハウスカーの交換タイヤをはめる。
②塩ビパイプに穴を開けて幅 3㎝長さ 30㎝のＬ字アングルを10㎝間隔で固定（ローラーが完成）。
③ 2㎝角の鉄角パイプに穴を開けてリベットでローラーを取り付ける。
④人力マルチャーがあったので、そのフレームにローラーを取り付けた。
⑤テーラー牽引ヒッチを購入し、マルチャーを管理機に接続して完成。

イタリアンライグラスを混播しました。タネは手でバラ播き。春になるとイネ科緑肥が伸びてきて初夏になると花が咲き、穂をつけます。その後、「ローラークリンパー」（後述）という機械で倒していくと、緑肥が地面を覆い、文字通り「リビングマルチ」（生きたまま被覆）になったところに、トウモロコシの苗を定植していきました。

緑肥の茎に折り目をつける

この方法は海外のユーチューブ動画を見て参考にしました。日本では緑肥は耕耘してすき込むのが一般的ですが、動画では緑肥をローラークリンパーで倒すだけ。すると根付きのまま枯れていくのです。

ローラークリンパーは、ローラーに一定の間隔で刃がついている機械です。緑肥の上を圧力をかけてなぎ倒しながら走ることで、緑肥の茎に折り目をつけます。すると茎に養水分が通らなくなり、枯れていくそうです。

日本にはローラークリンパーがなかったので、管理機にアタッチメントとして付ける小型のものを真似て自作してみました。作り方は上のとおり。部

枯れたエンバクとイタリアンで覆われた不耕起土壌に定植したトウモロコシ苗

マルチの下の土はコロコロに。以前は雨降り後に長靴がドロドロになったが、今は土がくっつかなくなった

品はホームセンターで揃えました。

溝を切って移植器を押し込む

4月、緑肥が大きくなり、春の植え付けに間に合わせようとローラークリンパーを走らせました。走った跡を見ると、きちんと倒れて茎にはローラークリンパーがつけた折り目も見られました。しかし、1週間ほどすると枯れるどころか起き上がってきました。まだ、穂も出ていなかったので、早すぎたようです（海外では穂が7、8割出た段階で倒す）。

緑肥が青い時期に枯らすことを断念し、穂が出終わって自然に茎が黄色くかたくなるのを待ちました。6月中旬、この状態の緑肥をローラークリンパーで走ると、枯れた緑肥のリビングマルチが思いのほかよくできました。

7月後半、リビングマルチのもとでトウモロコシの夏秋栽培を始めました。畑は不耕起にしてからまだ3年目で土はかたい状態なので、芝の根切り用のターフカッターで溝を切り、移植器を溝に押し込んで植え穴を広げて苗を落としていきました。不耕起なので元肥は入れられません。肥料は追肥で与えました。かん水時、水に尿素と塩化カリを溶かして与えるのに加え、雨前には高度化成などを株元散布するようにしました。

トウモロコシの生育はおおむね順調で、リビングマルチのおかげもあってか、1日2回のかん水は1回でよくなり、昨年までの萎びた姿もありませんでした。

*

今回、水分貯留と雑草抑制の効果を実感しました。緑肥をすき込まないローラークリンパーの成果といえそうです。肥料が少し足らなかったようで果実は若干小さめでしたが、不耕起と緑肥を継続することで食味の向上もあるようなので、大いに期待しています。

ローラークリンパーの使いこなしは、まだまだこれからです。緑肥を思った時期に枯らすには、機械の改善はもちろん、土地環境や緑肥の選択も重要になってきます。これからも試行錯誤を繰り返し、多様な選択肢から私の栽培における最善の方法を模索していきたいと思います。

（石川県小松市）

第6章
緑肥、こんな効果もある

不耕起＆緑肥の地球温暖化防止力

●小松崎将一

緑肥と不耕起に熱視線

「みどりの食料システム戦略」への議論が高まっています。特に肥料代・燃料代高騰などもあいまって、緑肥利用については、圃場内の残留養分を回収し、有機物を土壌に還元し、土壌由来の養分供給を高めることが、化学肥料に依存しない技術として改めて注目されています。

緑肥栽培は温暖化緩和の点からも注目されています。緑肥や堆肥、バイオ炭など土壌中に有機物還元をすすめることで、還元された有機物の一部を腐植として土壌中に長期的に貯留させることが可能です。これらの有機物は、もともとは作物が光合成し、大気中の二酸化炭素を植物体に固定したものですが、土壌中で腐植として残ることで、それらを土壌に隔離していることになります。

不耕起栽培については1980年代にオハイオ州立大学のRattan Lal教授が土壌炭素貯留効果を報告されて以来、土壌侵食の抑制と同時に、土壌炭素の蓄積に伴う温室効果ガスの吸収源対策として位置づけられています。不耕起栽培は土壌を撹乱しないので、森林と同様に表層に還元された有機物を土壌中に長期にわたって貯留可能です。

現在、不耕起栽培は全米農地の37%、圃場の撹乱を最小限とする減耕耘栽培が35%を占めるなど、いわゆる「保全耕耘」が広く実施されています。しかしながら、日本のようなアジアモンスーンの気候条件で、果たして不耕起栽培や緑肥の利用が土壌炭素貯留に有効なのでしょうか？

不耕起＆ライムギが効果大

茨城大学農学部国際フィールド農学センターでは、緑肥と耕耘方法による炭素貯留への影響のモニタリングサイトを設置し、農耕地の炭素貯留と作物生産性について2003年から長期観測しています。耕耘方法（不耕起、プラウ耕、ロータリ耕）と、冬作の緑肥利用（ヘアリーベ

図1　土壌炭素貯留の変化

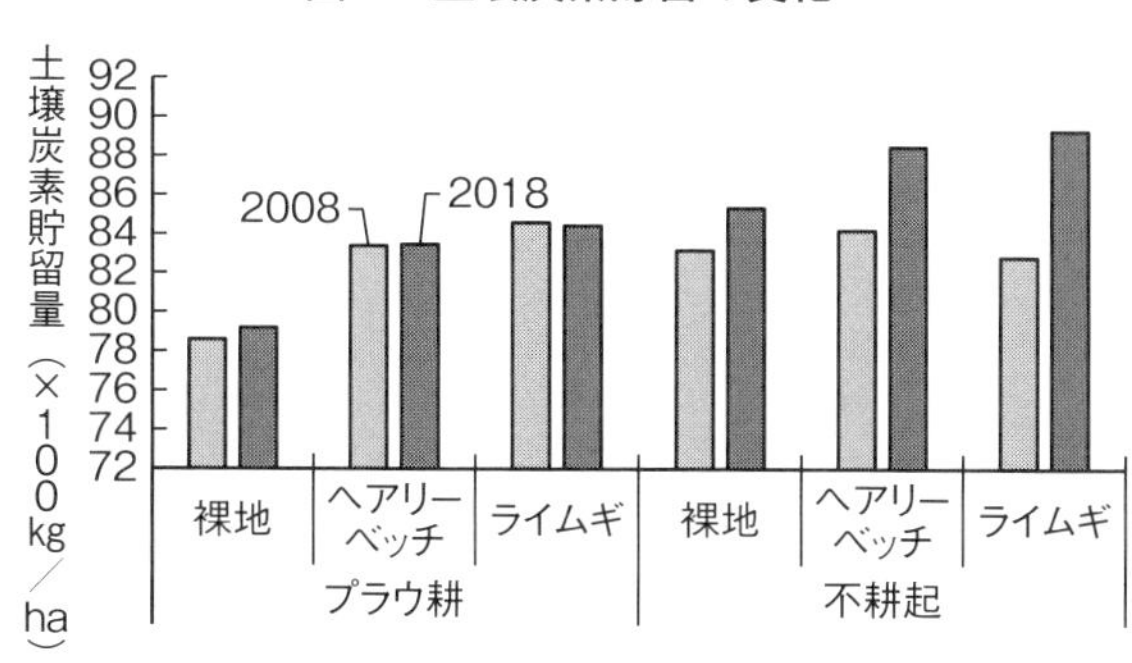

耕耘方法と緑肥の組み合わせによって、土壌炭素貯留量が変化する。特に不耕起&ライムギ区が10年間でもっとも貯留量が増えた。プラウ耕では緑肥区が裸地区より貯留量が多い

ッチ、ライムギ、裸地）を組み合わせ、いずれも夏作に03～08年は陸稲を、09年以降はダイズを栽培しています。

　まず、この圃場の土壌中の炭素の変化を測定し、農法の違いによる土壌中の炭素の増加・減少の定量的な評価と、農耕地から発生する温室効果ガスのモニタリングを行ないました。

　土壌炭素貯留量の推移を見ますと、最初の数年は、作物の収量も土壌炭素量も有意な差がありませんでした。しかし、継続3年目からは不耕起区の表層で土壌中の炭素が増加する傾向が認められ、継続8年後には不耕起区では、耕耘区（プラウ耕とロータリ耕）に比べて10～21%増加しました。

　また08年の土壌炭素量を見ると（図1）、プラウ耕の裸地区でもっとも少なくなりました。一方でプラウ耕においても冬作にヘアリーベッチやライムギを作付けすることで、裸地区に比べて5～7%炭素貯留量が大きくなりました。不耕起栽培では、緑肥の作付けの有無にかかわらず、プラウ耕の裸地区に比べてやはり5～7%炭素貯留量が増加していました。

　それぞれの耕耘方法と緑肥の利用を継続した結果、不耕起栽培において、裸地区で2・6%、ヘアリーベッチで5・1%、さらにライムギでは7・8%の増加を示しました。

　このことから、不耕起栽培に緑肥を組み合わせることで土壌炭素貯留量を増加させることが認められました。またプラウ耕においても、緑肥の導入によって、裸地と比べて土壌炭素が高く維持できることも注目できます。

温暖化ガスの排出が減る

　それでは、農耕地から排出されるメタンや亜酸化チッソの動態はどうでしょうか？　この圃場での温室効果ガスのモニタリングの結果、緑肥区では炭素の供給量が多くなるため、メタンガスの発生が裸地区より多くなりました。不耕

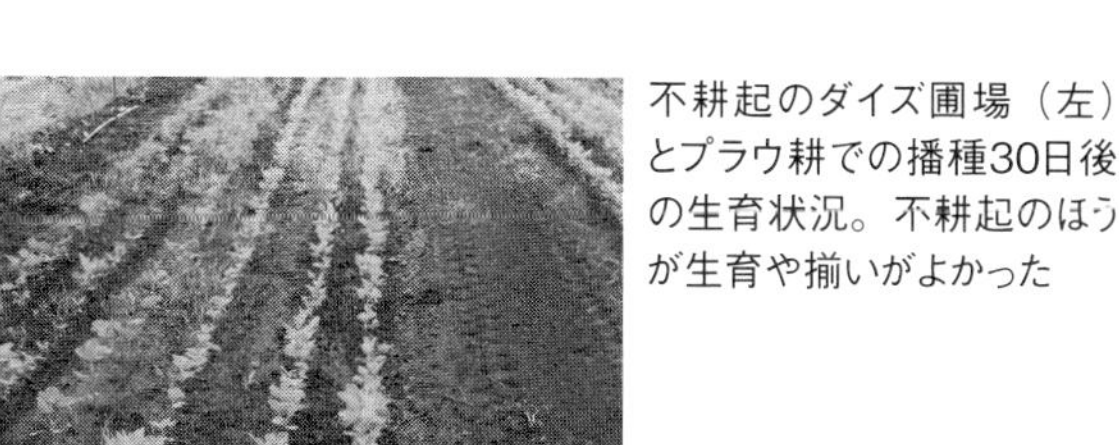

不耕起のダイズ圃場（左）とプラウ耕での播種30日後の生育状況。不耕起のほうが生育や揃いがよかった

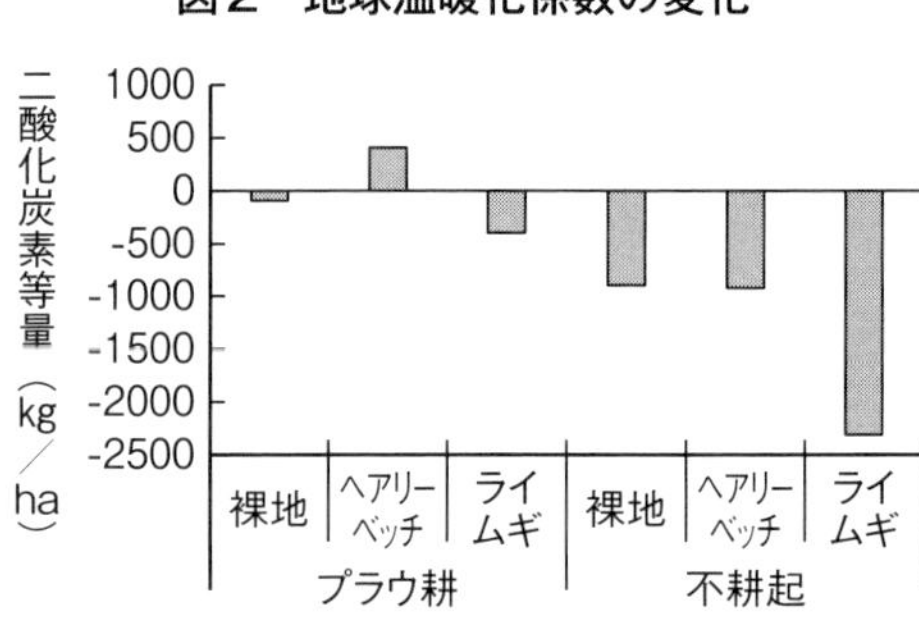

温暖化に影響する亜酸化チッソとメタンの排出量と、土壌炭素の増減を、二酸化炭素に換算して地球温暖化係数（二酸化炭素等量）を求めた。不耕起&ライムギ区が一番値が低く、温暖化を緩和する動きがある

起区では表層に土壌無機態チッソが多くなることや糸状菌が発生しやすい条件から、亜酸化チッソガスの発生が耕起区より多くなりました。しかしどちらも微増にとどまりました。

　これらの農法を地球温暖化係数（GWP：Global Warming Potential）で評価してみました。GWPとは、農耕地から排出される亜酸化チッソやメタンを二酸化炭素で等量化し、また1年間当たりの土壌炭素の増減量をやはり二酸化炭素換算し、その農法が温暖化に対してどのぐらいの排出量を示すのかを計算するものです。

　結果は、不耕起とライムギの緑肥利用によって土壌の炭素貯留量が著しく増加し、GWPはマイナス2324（単位は kg CO_2 equivalent ha^{-1} $year^{-1}$, 以下略）と減少量が大きく、温暖化を緩和すると示されました（図2）。

　これに対し、プラウ耕を行ない、ヘアリーベッチを作付けした圃場では421となり、排出が示されました。また不耕起栽培でも緑肥を作付けしない場合はマイナス907となり、ライムギの緑肥利用と不耕起の組み合わせよりGWPの減少量は半減しました。

　このことから、不耕起栽培に加えてライムギなどのイネ科の緑肥の利用の組み合わせが、GWPをより削減する農法として重要とわかりました。

土が健全化、生産性も上がる

　さらに、これらの長期試験圃場において土壌分析を行ない、全炭素や全チッソなど各種を測定し、また農法ごとの作物収量を求めました。それらの土壌パラメーターを正規化した積算値（＝土壌評価値）と、土壌炭素量との相関分析を行なった結果、土壌炭素量が増加するにつれて、土壌の化学性、生物性、物理性および生産性が改善されることが明らかとなりました（図3）。いわゆる地力が向上した、といえます。特に不耕起とライムギの緑肥利用でもっとも高い土壌炭素を示し、かつもっとも高い土壌評価値を得ました。

土壌炭素は土壌中で有機物の形で存在します。土壌有機物が土壌中に蓄積されることで、土壌由来の養分が増加することが生産性向上に結び付いたのではと考えています。

農耕地の土壌に炭素を貯留することが、農地の生産力の維持増進にとって大切であることは以前より知られていました。本研究の成果から、不耕起栽培と緑肥を組み合わせて利用することで、農耕地における地球温暖化係数を削減すると同時に、土壌の示す化学的、物理的、生物的なパラメーターと生産性にかかわる機能が向上することで、環境保全と生産性という相互に利益のある農法となることが認められました。

図３　土壌評価値と土壌炭素の関係

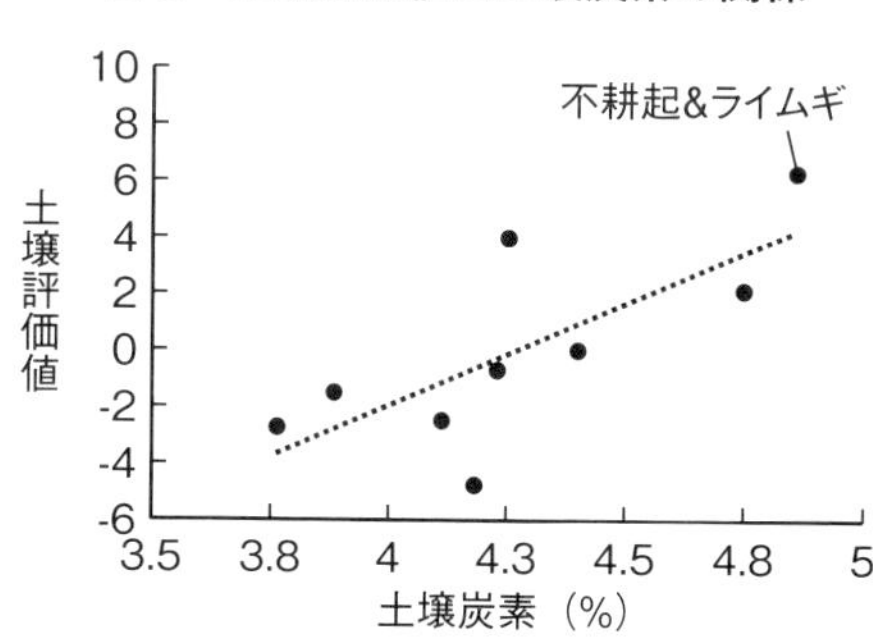

土壌炭素が増えるほど土壌評価値（化学性・生物性・物理性、生産性）が上がる。不耕起&ライムギ区が、土壌炭素量も土壌評価値も一番高かった

堆肥では得られぬ効果がある

緑肥はメインとなる作物ではないため研究対象として久しく注目されず、また日本のように高温多湿な夏に雑草が繁茂しやすい環境では不耕起栽培の取り組みはあまりありませんでした。

しかし、農業生産と環境との調和が重視される中、緑肥の利用や不耕起栽培は、農業のもつ自然循環機能を向上させるうえでユニークな手法であると考えられます。緑肥を利用して土壌炭素を増加させることは、二酸化炭素の吸収源のほかに、投入施肥量削減、長期的な収量の安定、さらに土壌保全や生物相の健全化など多面的な効果があります。特に緑肥の導入は、土壌炭素を増加させると同時に、土壌残留養分を積極的に回収・ストックする機能をもつことから、堆肥では得られない極めて特徴的な土壌管理手法です。

不耕起栽培の効果だけでなく、プラウ耕においても緑肥の利用と合わせることで土壌炭素貯留が維持されることも見逃せません。不耕起栽培はすぐに導入できるものではありませんが、まずは緑肥をうまく組み込み、土壌の健全性を高める取り組みから始めてはいかがでしょうか？

（茨城大学農学部）

「土層改良」と「緑肥の部分不耕起」で土壌流亡量最大50％減

●巽 和也

農家自らできる2つの対策技術

近年、北海道では豪雨の頻発に伴い、傾斜畑で土壌流亡の被害が増加しています。通常、雨水や融雪水は土壌に浸透しますが、それを上回る量の水は地表面を流れ（表面流去水）、押し流された土壌が圃場外に流出します。長い斜面が続き、傾斜の大きな畑では特に被害が深刻です。

土壌流亡は肥沃な土壌や作物の損失による生産性の低下に加え、土砂流入による河川水質の悪化などを引き起こすので、発生を抑える技術が重要となります。

そこで、農業者自らが実施できる対策として、「土層改良」と「後作緑肥を用いた部分不耕起（技術名はドット・ボーダープロテクト）」の2つの技術を開発しました。

後作緑肥の不耕起の様子。緑が濃く残る帯状の部分がドットボーダー。緩衝帯として水の流れを抑え、流亡する土をせき止める

土層改良

排水性をよくすることで流亡量20～30％減

土壌流亡対策には、表面流去水の発生を抑制することが重要です。そこで、土層改良により土中に亀裂を形成し、地下浸透を促すことで土壌流亡量の削減を試みました。

試験では60馬力以上のトラクタに装着できる有材補助暗渠機（カットソイラ）を用いて、深さ50㎝までの土層を改良しました。カットソイラは土塊を切り上げながら前進し、地表面に散在する作物残渣などを土中に落とし込む機械です。

秋播き小麦収穫後の8月に、カットソイラを施工し、細断した麦稈や刈り株などの収穫残渣を埋設したところ、まず暗渠排水量が土層改良前の約3倍に増加しました。そしてこの排水量は、施工からその後2年経過しても、施工前の約2倍を維持していました。

132ページ写真は融雪後の畑の様子です。土層改良区は無処理区と比較して、流水で浸食された溝の発生が軽微であることがわかります。

カットソイラによる土層改良を行なうことで圃場の排水性が向上した結果、土壌流亡量は20～30％削減できました。

サブソイラによる心土破砕でもいい

土層改良には、カットソイラのほか、心土破砕効果があるサブソイラなども有効です。やはり、かたく締まった土層を破砕し、土壌の物理性を改善することで地下浸透を促進する効果が期待されます。

カットソイラなどで有機物を埋設する場合は、圃場の傾斜に対して直交か、やや斜め方向に、20m間隔以下で施工します。サブソイラなど埋設物がない場合は、2m間隔以下で毎年施工することを推奨します。

地下浸透を増やす土層改良

表面流去水が減る
水の流れ
浸透増加
破砕
堅密層

カットソイラを使った土層改良。溝を掘ったところに残渣をかき集めて埋設していく

改良後は地下浸透が増え、流亡が減って浸食溝も減少

改良前は土壌流亡が激しく、水が浸食して無数の深い溝ができている

後作緑肥の部分不耕起

緩衝帯の効果で流亡量20%減

土壌流亡対策として、表面流去水の勢いを抑える緩衝帯を設置することも効果的です。

北海道では秋播き小麦収穫後、エンバクなどの後作緑肥を導入する場合があり、一般的には8月頃に播種し、積雪前の10月ごろに土中にすき込みます。

試験ではこのエンバクをすべてすき込まず、表面流去水をせき止めるように春まで残しておくようにしました。この部分不耕起による流亡対策の技術をドット・ボーダープロテクト（以下ドットボーダー）と呼びます。

カットソイラによる残渣埋設

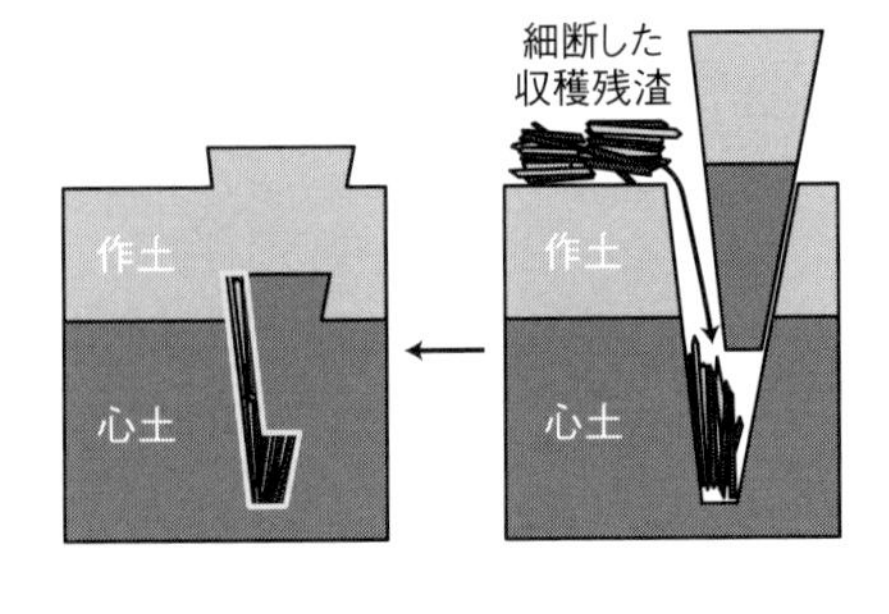

後作緑肥を用いた部分不耕起

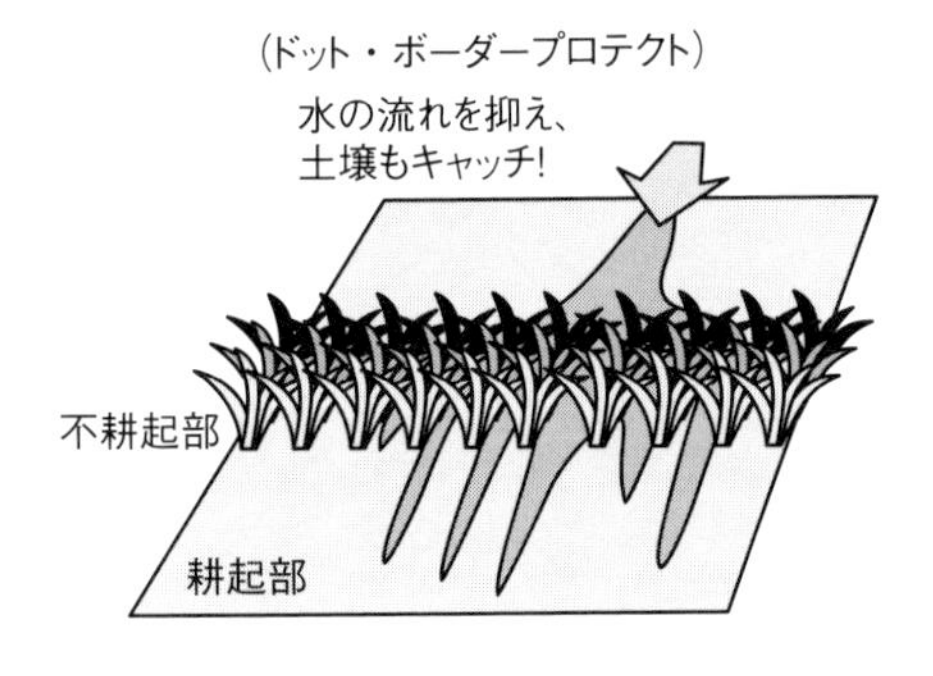

２つの対策による圃場の変化

後作緑肥のすき込み時に、一部不耕起でドットボーダーを設置

まったく改良しておらず、激しい土壌流亡が発生

2つの対策により、土壌流亡の被害が大きく改善

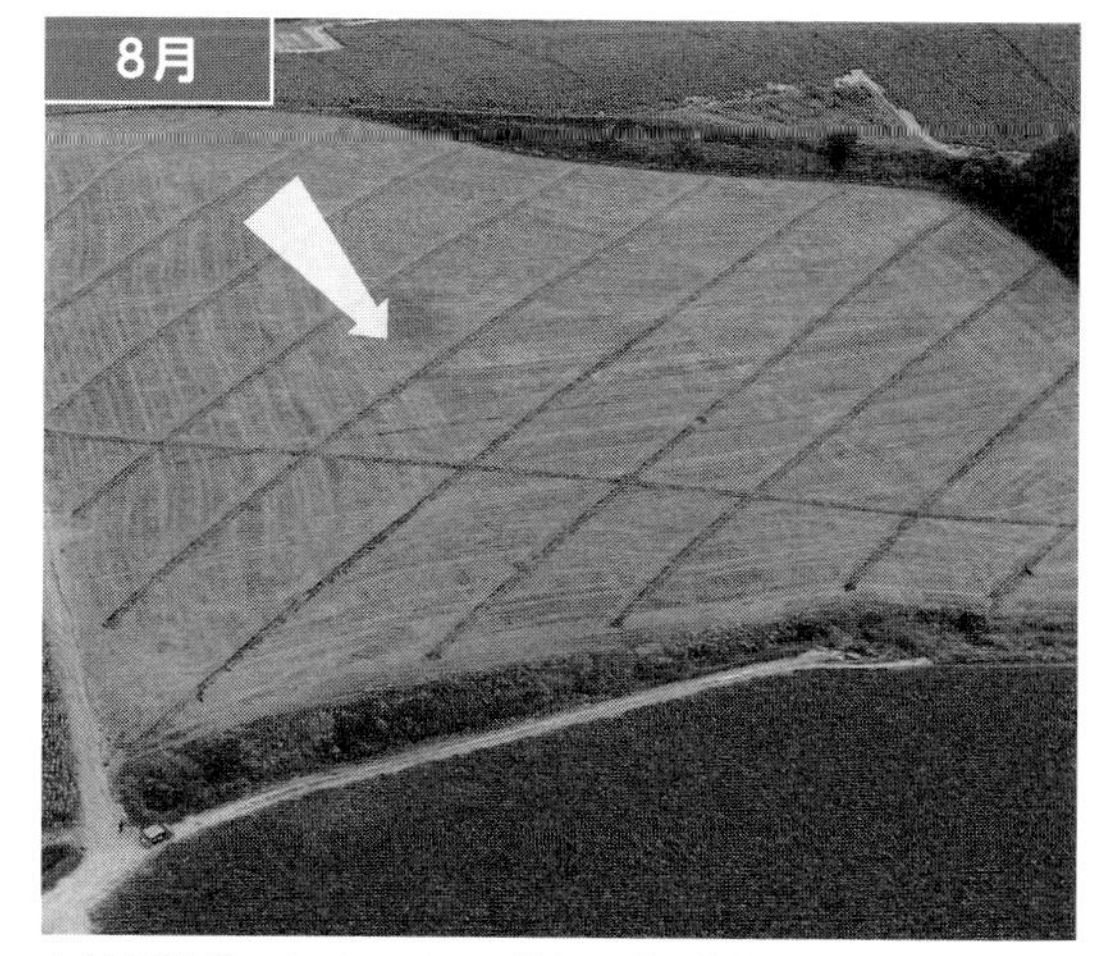

ムギ収穫後にカットソイラで残渣埋設を実施した

ドットボーダーの部分を残すことで、表面流去水が発生してもその勢いを抑えられ、さらに水に流される土壌もドットボーダーの部分でつかむことができます。その結果、土壌流亡量は約20％削減できました。

後作緑肥のドットボーダーはすき込み時に一部を残すだけでよく、新規の機械導入は不要です。また残し方は、圃場形状や作業に合わせて変えられます。目安は幅5m程度で、各列30〜50m間隔。点状にドットボーダーを残しても土壌流亡の抑制効果が期待できます。

2つの対策を併用 相乗効果で30〜50％減

土層改良とドットボーダーを組み合わせると、より高い土壌流亡抑制効果が得られます。2つの対策技術を実施した様子を、133ページの写真で時系列に沿って紹介します。

対策実施前は4月の雪解け後に浸食溝が生じていました。そこで秋播き小麦収穫後の8月に土層改良を行ない、後作緑肥すき込み時の10月にドットボーダーを実施。その結果、翌年4月には浸食溝の発生が抑制されていることが確認できました。2つの対策技術を組み合わせることで、土壌流亡量は30〜50％削減でき、高い効果が確認できました。

土層改良とドットボーダーの組み合わせで効果アップ

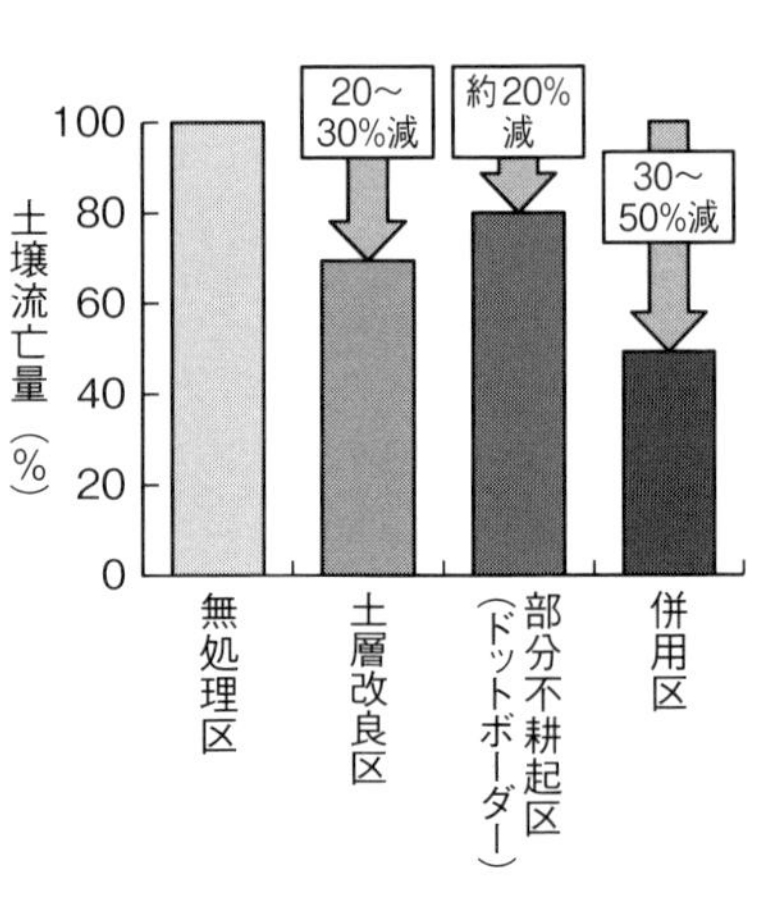

土壌流亡量（%）
100
80
60
40
20
0
無処理区
土層改良区
部分不耕起区（ドットボーダー）
併用区
20〜30%減
約20%減
30〜50%減

土層改良は、春の播種前または夏から秋にかけての作物収穫後に実施します。小麦収穫後は残渣を用いた土層改良が可能です。

テンサイ、マメ類、スイートコーンなどの作付け前には、サブソイラなどで心土破砕を実施することで、土壌の堅密化を防ぎ、継続した地下浸透の促進効果が見込まれます。

後作緑肥や収穫残渣などをすき込む際は、表面流去水の勢いを抑え、流出土壌を捕捉するためにドットボーダーの実施を推奨します。

傾斜畑の土壌流亡対策は長期にわたる課題です。今回紹介した2つの技術は追加コストがかからず、作業の工夫で誰でも簡単に実施できることから、北海道に限らず、各地域で広く普及されることを期待します。

（北海道立総合研究機構　中央農業試験場）

掲載記事初出一覧（すべて月刊『現代農業』より）

※執筆者・取材対象者の住所・姓名・所属先・年齢等は記事掲載時のものです。

本書は『別冊 現代農業』2023年6月号を単行本化したものです。

※執筆者・取材対象者の住所・姓名・所属先・年齢等は記事掲載時のものです。

撮影
倉持正実
黒澤義教
佐藤和恵
依田賢吾

カバーデザイン
髙坂　均

イラスト
アルファ・デザイン
戸田さちえ

本文デザイン
川又美智子

農家が教える
緑肥で土を育てる
地力アップ・肥料代減らし・病害虫減らし

2023年11月5日　第1刷発行

農文協　編

発行所　一般社団法人　農山漁村文化協会
郵便番号 335-0022 埼玉県戸田市上戸田2丁目2-2
電 話 048(233)9351(営業)　048(233)9355(編集)
FAX 048(299)2812　振替 00120-3-144478
URL https://www.ruralnet.or.jp/

ISBN978-4-540-23122-3　DTP製作／農文協プロダクション
〈検印廃止〉　印刷・製本／TOPPAN㈱